改訂
第2版

プロが教える！

After Effects

デジタル映像制作講座

CC 対応

SHIN-YU・川原健太郎 著

本書を手に取っていただきありがとうございます。

本書は、2017年に出版した「プロが教える！ After Effects デジタル映像制作講座 CC/CS6対応」の改訂版として書き始めました。当時はまだ映像業界でも一部の人が使うニッチなソフトという位置付けだったAfter Effectsでしたが、映像制作を取り巻く環境とともに大きく変化し、After Effectsを使うユーザー層も広がりました。

前作は動画編集の知識がすでにある方や、Premiere Proユーザー＋α的な方をターゲットに、After Effectsの基本機能の説明と作例チュートリアルを中心に構成していましたが、今では映像のプロだけでなく、数多くのクリエイターが本書の読者対象になる勢いになりました（After Effectsから動画制作を始める人もいます！）。このようなニーズの変化に対応して、「これから動画を始める人の最初の本として、持っておいて損はない一冊」を目指し、解説のスタイルも大きく変更することで、新しい本として1から書き直しました。

今回は、映像制作をこれから始める人にもわかりやすいように、基礎となる知識や概念、考え方の説明を数多く盛り込んでいます。動画の規格やデータ形式、After Effectsの基本操作とツールの説明から、それらを使うことでどんな映像表現を作ることができるのか。さらにどのようにアレンジするとオリジナルの表現ができるのか、といった内容で僕自身の経験や考察、実践方法を交えてまとめています。

まずは、基礎を使いこなすことにフォーカスしているので、基本機能を覚えるだけでも、映像表現を自分で考えて作ることができるようになります。その中でも、どんなソフトでも最初のハードルとなる、ツールの概念と基本操作に関する内容は、Chapter 1（体で覚える）とChapter 2（仕組みを理解する）だけでマスターできるように構成しています。

一度読んで難しかった場合は、2つの章を行き来することで理解が深まるはずです。ぜひ何度もチャレンジしていただけると幸いです。

解説でわからない部分があれば、著者のサポートサイトにご質問ください。

お送りいただいたタイミングによって少しお返事が遅れる場合があるかもしれませんが、僕自身がお答えしますので、お気軽にご質問ください。

それでは、肩の力を抜いて、ユルフワな感じで本書をお楽しみください！

川原 健太郎

CONTENTS

 Chapter 1 **After Effectsを はじめよう！**

………………………………………………………… 9

 **Chapter 2** **コンポジションと キーフレームを理解しよう**

………………………………………………………… 49

Chapter 5 よく使うエフェクト

215

Chapter 6

3Dレイヤーで
アニメーションを作ろう

.... 269

Chapter 7

オリジナル表現の作り方

.... 309

本書の使い方

本書は、After Effectsのビギナーからステップアップを目指すユーザーを対象にしています。

作例の制作を実際に進めることで、After Effectsの操作やテクニックをマスターすることができます。

■ 対応バージョンについて

本書は、After Effects CC による操作で解説を進めています。CCにはバージョンがありますが、原稿執筆時点の最新バージョン「2023」を使用しています。

異なるバージョンを使用している場合、搭載されていない機能も本書の解説に含まれていることがあります。あらかじめご了承ください。

■ インターフェイスとキーボードショートカットについて

解説に使用している画面はWindowsの制作環境によるものですが、基本的にはmacOSも同じです。

またキーボードショートカットの記載は、本文中に【Windows／macOS】の順で記載していますので、ご自分の使用されている環境に合わせて、読み進めてください。

また、巻末に掲載している「主に使用するショートカットキー」（322ページ）も合わせてお役立てください。

■ Adobe Fonts について

本書で使用するフォントは下記の通りです。18ページの「フォントについて」を参考にしてすべて検索し、アクティブにしてください。

Acumin Pro
Blambot Pro
DNP 秀英角ゴシック金 Std
FOT-ロダン ProN
FOT-UD丸ゴ_ラージ Pr6N
FOT-筑紫A丸ゴシック Std
Stevie Sans
VDL ロゴJr ブラック
VDL V 7ゴシック
VDL ロゴ丸
Sophisto OT
りょうゴシック PlusN
Worker
Refrigerator Deluxe
TA-F1 ブロックライン
Myriad
FOT-UD角ゴ_スモール Pr6N
URW DIN
CCMonsterMash
小塚ゴシック Pr6N
凸版文久見出しゴシック Std
源ノ角ゴシック
源ノ明朝

Adobe Fontsで利用できるフォントリストは不定期で変更になる場合があります。もし、本書で使用しているフォントがなくなっている場合は、他のフォントを代用して進めてください。

Chapter

1

After Effects を
はじめよう！

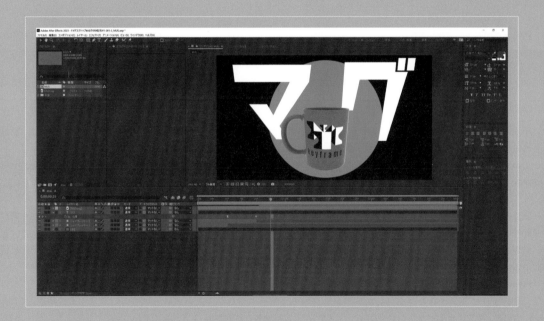

Chapter 1では、After Effects がどんなソフトなのかをざっくりと紹介します。映像制作や動画編集におけるその役割、操作画面について、制作全体の流れを手を動かしながら体験してみましょう。詳細は Chapter 2で説明しますので、ここでは専門用語など細かいところは気にしないで、さらっと読み進めてください。

Section 1

1

After Effectsの特徴

After Effectsは、主にモーショングラフィックスとVFX（ビジュアル・エフェクツ）を制作できるソフトウェアです。モーショングラフィックスは文字やイラストなどのグラフィック素材を動かして作るアニメーション映像、VFXは光や炎などの特殊効果やその他のさまざまな素材を合成して制作する映像のことです。映画、CM、アニメ、ゲームなど、映像に関連するさまざまな現場で幅広く使われています。

動画編集ソフトではない

After Effectsをはじめて使う方がよく疑問に思うのが、動画編集ソフトとはどう違うのかです。After Effectsと同様に、「Adobe Creative Cloudに含まれる動画編集ソフト**Premiere Pro**とは何が違うのか？」「After Effectsだけで動画編集はできないのか？」といった質問をよくいただきます。

結論から言うと、After Effectsだけでも動画編集はできます。ただ、それはソフトウェアの機能面から見て、「動画を編集できる機能がある」というだけで、After Effectsが動画編集を行うのに最適なツールかどうかという話ではありません。言い換えると「After Effectsは動画編集には向いていない」ということです。

動画編集に向かない理由

After Effectsが動画編集に向いていない一番の理由は、動画のプレビュー方法にあります。After Effectsでは、動画を再生してプレビュー確認する際に、タイムラインの動画を演算処理しながら再生を行います。
この演算処理のときは1コマずつ計算しながらカクカク再生されるので、例えば1秒の動画を再生して確認するのに5秒かかったりします（複雑な表現になればなるほど、時間はどんどん伸びていきます）。

演算処理した部分は次からリアルタイムで再生できますが、動画の動きやエフェクトに少しでも変化を加えると、再び演算処理しながらのカクカクプレビュー再生になります。これは、複雑なアニメーションや精密な合成など、負荷の大きい処理をできるだけ早く再生して確認できるように設計されたシステムで、モーショングラフィックスやVFX制作を目的としたAfter Effectsならではの特徴です。
Premiere Proでは、動画のプレビュー再生をリアルタイムで行うことができます。動画編集を目的としたツールなので、動画をリアルタイムで再生しながらサクサク編集できるようなシステム設計となっています。その反面、After Effectsが得意とするモーショングラフィックスやVFXを駆使した映像制作は不得手です。
そのため、After EffectsでCG合成やアニメーションシーンを部分的に作成した後、Premiere Proなどの動画編集ソフトでカットを組み合わせて1本の映像作品に仕上げるという流れが一般的になっています。
作業ごとに得意なツールを使い分けるという考え方です。

ワンランク上の映像制作

After Effectsを使えば、映像カットのひとつひとつを作り込んで、ワンランク上の映像作品を作り上げることができます。タイトル映像だけをとってみても、動画編集で文字をドンと乗せるだけではなく、文字のデザインを細かく調整して、イメージ通りのアニメーションや視覚効果も加えられます。

また、動画素材が何もない状態からでも、写真のスライドやグラフィックアニメーションで高品質な映像作品を作り上げることができます。

2　本書を進める前の準備

After Effectsは膨大な機能を備えたソフトウェアのため、操作画面にはパネルがたくさんあり、パッと見ただけで難しそうな印象を受けてしまいます。
本書では、最初に操作画面を必要最小限の表示にすることで、シンプルにAfter Effectsを習得できるようにしました。ある程度使い慣れてきたら、自分の使いやすいようにパネル表示や操作画面のレイアウトをカスタマイズしてください。

01　操作画面をシンプルに設定する

After Effectsを起動すると、【ホーム画面】が表示されます。
ウィンドウの右上にある【×】**1**をクリックして閉じます。

初期設定の操作画面（インターフェイス）が表示されます。

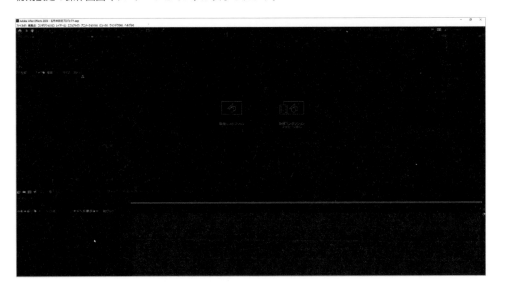

本書を進めるに当たって、おすすめの画面設定を行います。

まず、画面右側にあるパネルを非表示にして項目を減らします。

【文字】パネルと【段落】パネル以外のすべてのパネルメニュー☰2から【パネルを閉じる】3を選択して閉じます。

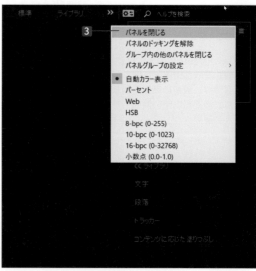

図のように、画面の右側がスッキリしました。

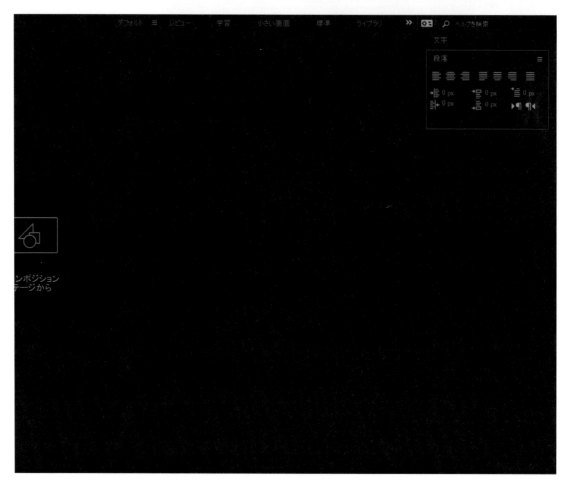

必要な表示項目を追加します。

【**ウィンドウ**】メニュー**1**を表示して、以下の項目を選択して表示を追加します。

【ツール】
【整列】
【エフェクトコントロール：(なし)】

パネル表示を最小限に減らすことができました。パネルは、上部のタブをドラッグして移動したり、各パネルの境界線をドラッグして大きさを変更するなど、操作画面を自由に組み替えることができます。

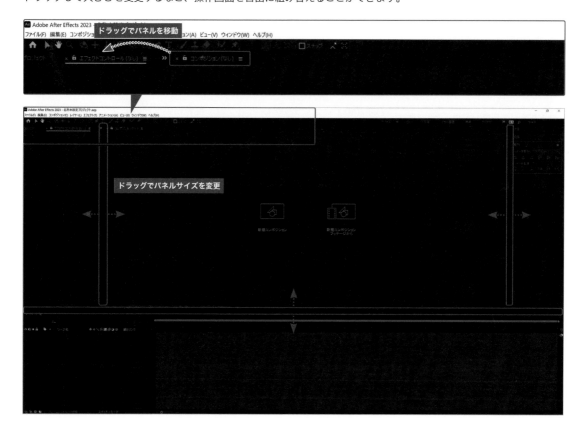

02　パネルのレイアウトを変更する

それぞれのパネルの上部をドラッグして、以下のように移動します。

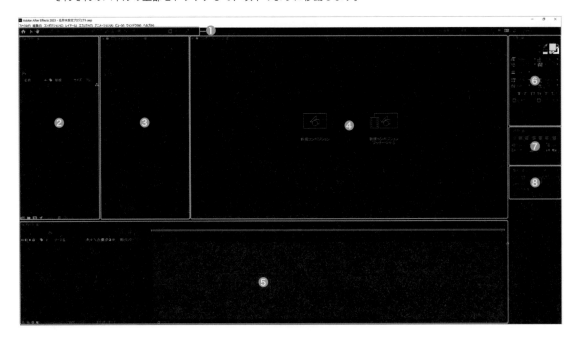

パネル名	画面配置	説明
❶【ツール】パネル	移動なし	After Effectsで使用するツールが表示されています。各アイコンをクリックすることで、ツールを切り替えて使用します。
❷【プロジェクト】パネル	移動なし	プロジェクトと素材の管理を行います。
❸【エフェクトコントロール】パネル	パネルの上部をドラッグして、【プロジェクト】パネルの右に移動します	視覚効果などのエフェクトを適用して設定する際に使用します。
❹【コンポジション】パネル	移動なし	編集操作やプレビュー画面として使用します。
❺【タイムライン】パネル	移動なし	タイムラインに素材を並べて、編集やアニメーション設定を行います。
❻【文字】パネル	パネルの上部をドラッグして、【コンポジション】パネルの右に移動します	配置した文字のフォント、サイズ、字間、行間などの設定に使用します。
❼【段落】パネル	パネルの上部をドラッグして、【文字】パネルの下に移動します	配置した文字の段落を設定するのに使用します。
❽【整列】パネル	パネルの上部をドラッグして、右下に移動します	映像に配置した文字やグラフィック素材を均等に配置するのに使用します。

これで、操作画面のレイアウト設定が完了しました。

03　レイアウト設定を保存する

【ウィンドウ】メニューの【ワークスペース】から【新規ワークスペースとして保存】■を選択します。

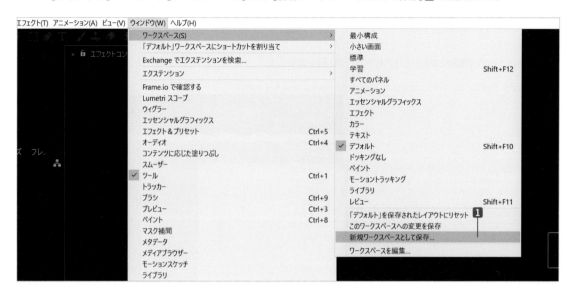

【新規ワークスペース】ダイアログボックスでわかりやすい名前■を入力して、【OK】ボタン■をクリックします。

【ウィンドウ】メニューの【ワークスペース】から選択できるようになります。

04 操作画面の明るさについて

本書は以降の説明で、印刷上の黒つぶれを防ぐために画面設定を明るくしています。本書と同じ見た目（アピアランス）で作業を行う場合は、下記のように設定を変更してください。

この設定は見た目の明るさが変わるだけなので、ご自身のお好みで行ってください。

【編集】メニューの【環境設定】から【アピアランス】**1** を選択します。

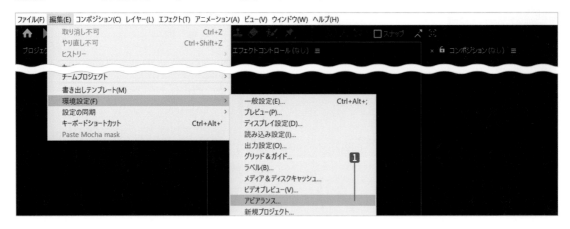

【明るさ】のスライダー **2** を一番右にドラッグして、【OK】ボタン **3** をクリックします。

これで本書と同じ見た目となります。

:: 環境設定について

　筆者の推奨設定として、【編集】メニューの【環境設定】➡【一般設定】**1**（ Ctrl / command + Alt / option + ; キー）を選択して、【環境設定】ダイアログボックスの【一般設定】パネルで下記の3点を設定してください。

【初期設定の空間補間法にリニアを使用】**2**と【アンカーポイントを新しいシェイプレイヤーの中央に配置】**3**にチェックを入れます。
また、【ホーム画面を有効化】**4**のチェックを外します。
設定が終わったら、右上の【OK】ボタンをクリックして、ダイアログボックスを閉じます**5**。

Chapter 2（67ページ）
で説明します。

アプリを起動して最初に
表示される【ホーム画
面】（11ページ参照）を
非表示に変更できます。

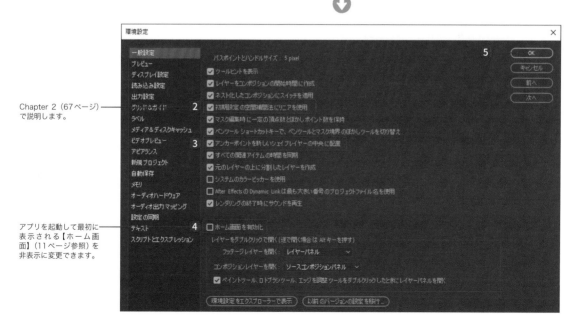

:: フォントについて

　本書の作例に使用しているほとんどのフォントは、「**Adobe Fonts**」（8ページ参照）から利用できます。最初に、必要なフォントをインストールします。

ブラウザで「**Adobe Fonts**」（https://fonts.adobe.com/）にアクセスします**1**。

検索窓に【源ノ角】と入力して**2**、検索します**3**。

表示された【源ノ角ゴシック】ファミリーの【アクティベート】をクリックして**4**、フォントをアクティブにします。

「Adobe Fonts」にログインしていない場合には、メールアドレスとパスワードを求められるので、入力してログインします**5**。

【OK】ボタンをクリックすると**6**、フォントがインストールされてAfter Effectsで使用できるようになります**7**。

　上記の方法で8ページに記載しているフォントをすべて検索して、アクティブにしておきましょう。

∷ フォントを上手に使うために

入力した文字によっては、文字列のバランスが悪くなる場合があります。

ひらがな・カタカナ・漢字・英数字など、複数の字体を組み合わせて表現する日本語のテキストでは、特に重要となります。

必ず意識してほしいのが、【字間】（文字の間隔）です。文字を入力したら、文字と文字の間隔のバランスを確認します。

自動で文字の間隔を整えてくれる【メトリクス】という機能が標準で動作していますが、日本語フォントでは好ましい結果にならないことが多いので、自分で調整する必要があります。

文字カーソルが文字の間にある状態で Alt / option キーを押しながら ← → キーを押すと、文字の間隔を縮めたり広げたり調整することができます。

文字を入力してフォントとサイズを変更するだけでなく、必ず文字の間隔を確認して調整するようにしてください。

これは、動画のクオリティを上げる最もシンプルな方法です。

文字カーソルを文字間に挿入して、Alt / option + ← → キーを押します

全体を確認しながら整えていきます

💡 TIPS 字間の練習方法

字間は感覚的な部分も強いので、最初は「これでいいのか？」と悩むことでしょう。やればやるほど、どれが正解かわからなくなっていきます。筆者自身もそうですし、多くのデザイナーも最後の最後まで微調整を繰り返して作っています。1つの練習方法として、日常で目にするデザイン（広告や書籍など）のフォントや字間を意識して見てみて、「いいな！」と思ったものを真似しながら似せて作ってみるのがおすすめです。そうすることで少しずつ目が肥えてきて、自分なりに良し悪しが判断できるようになります。

Section 1

3 操作画面の基礎知識

After Effectsで作業を進める前になんとなく知っておくといい要素の紹介です。さっと内容に目を通しておき、作業で困ったときに「あそこに書いてあったかな？」といった感じで読み返してください。

::【ツール】パネル

　After Effectsの基本的なツールが並んでいます。制作中にアイコンをクリックして、ツールを切り替えながら作業を行います。

::【コンポジション】パネル

　【コンポジション】パネルには、現在作成中のモーションが表示されます。一般的に言うプレビュー画面です。

項目	項目
❶ 画面表示の拡大縮小	❹ グリッドとガイド
❷ プレビュー画質を変更	❺ プレビュー時間
❸ マスクとシェイプのパスを表示	

❶ 画面表示の拡大縮小

クリックで画面表示の拡大率を変更できます。【全体表示】を選択すると、パネルサイズに合わせて全体を表示します。画面上でマウスホイールを転がすことでも拡大縮小できます。

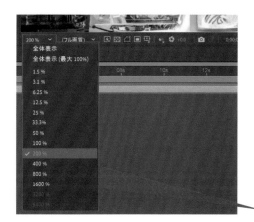 

【コンポジション】パネル上で Space キーを押すとカーソルが【手のひらツール】 に変わります。そのままドラッグすると**1**、プレビュー画面の表示位置を移動できます。

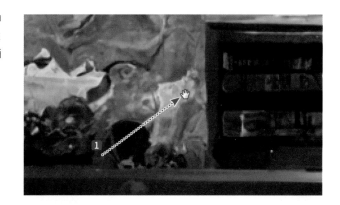

❷ プレビュー画質を変更

再生処理が重い際にプレビュー画質を落とすことで、アニメーションの動きを優先して再生することができます。

After Effectsでの制作では非常に重要な機能です。エフェクト処理などで極端にプレビューに時間がかかる場合や、パソコンのスペックが低い場合は、画質を落として作業を行いましょう。

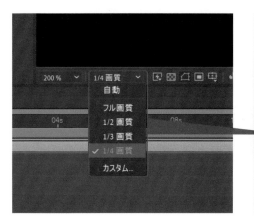 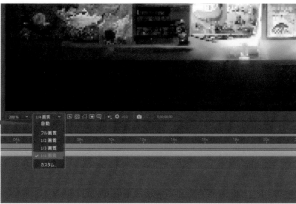

❸ マスクとシェイプのパスを表示

クリックでマスクとシェイプのパスの表示のオン／オフを切り替えます。画像を切り抜いたり図形でパスを作成した際に画面上にマスクとシェイプの線が表示されないときは、ここを確認して有効にしましょう。

❹ グリッドとガイド

クリックで選択してチェックを入れると❶、画面にグリッドやガイド、定規などを表示できます。

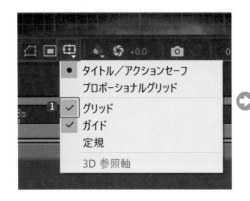

❺ プレビュー時間

【現在の時間インジケーター】🔻がある位置の時間が表示されます。プレビュー時間をクリックして❶、【時間設定】ダイアログボックスで数値を入力すると❷、【現在の時間インジケーター】🔻を指定した位置に移動できます。

※【現在の時間インジケーター】は一般的に【再生ヘッド】と呼ばれます。

▮▮【タイムライン】パネル

　テキストやグラフィック、動画などの素材を並べて編集を行います。タイムラインは一番左が【0秒】で右に向かって時間が進みます。再生すると【現在の時間インジケーター】▮が右に移動し、【現在の時間インジケーター】▮がある時間の動画のコマがプレビューに表示されます。

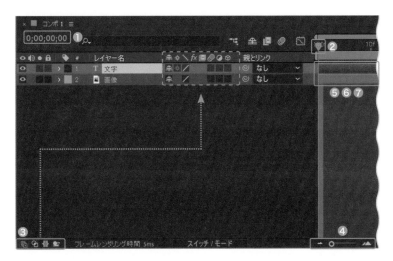
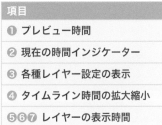

項目
❶ プレビュー時間
❷ 現在の時間インジケーター
❸ 各種レイヤー設定の表示
❹ タイムライン時間の拡大縮小
❺❻❼ レイヤーの表示時間

　素材をタイムラインに配置すると、レイヤーとして縦に並びます。この重なりの上にあるものから優先的に表示されます。ここでは【画像】レイヤーが【文字】レイヤーの上に配置してあるので、文字が画像の下に隠れて見えません。

　レイヤーの重なりは、素材を上下にドラッグして入れ替えることができます。
　ここでは、【文字】レイヤーを【画像】レイヤーの上に移動します。これで、画像の上に文字が表示されます。

23

① プレビュー時間 ／ **②** 現在の時間インジケーター

プレビュー時間には、【現在の時間インジケーター】の位置の時間が表示されます。
クリックして時間を数値入力すると**❶**、【現在の時間インジケーター】を移動できます**❷**。

③ 各種レイヤー設定の表示

　各種レイヤー設定の表示のオン / オフを行います。レイヤーの【スイッチ】や【描画モード】、【トラックマット】などが
表示されていないときは、ここで表示を有効にします。

　必要に応じて設定項目を表示させます。
　本書では、Ⓐ「スイッチを表示または非表示」
と Ⓑ「転送制御を表示または非表示」をク
リックして有効にし、常時表示にしています。

項目	
Ⓐ	スイッチを表示または非表示
Ⓑ	転送制御を表示または非表示
Ⓒ	イン/アウト/デュレーション/伸縮を表示または非表示
Ⓓ	「レンダリング時間」ペインを展開または折りたたむ

④ タイムライン時間の拡大縮小

左右にドラッグして、タイムラインの時間表示の拡大縮小を行うことができます。1フレーム単位など細かく編集する際に横幅の時間軸を拡大することで、微調整がしやすくなります。

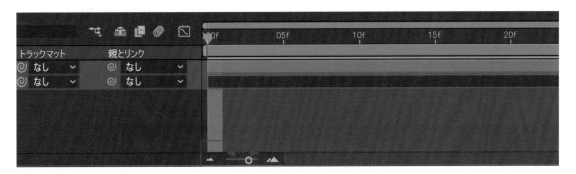

⑤ レイヤーの表示時間

タイムラインに配置したレイヤーは、レイヤーの左端「イン点（開始位置）」から右端の「アウト点（終了位置）」の時間まで表示されます。

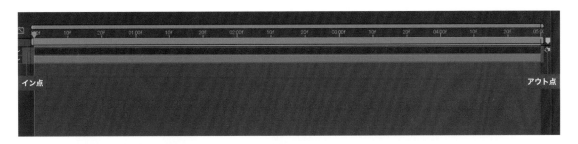

⑥ レイヤーの表示時間の伸縮

レイヤー両端のイン点とアウト点を左右にドラッグして、レイヤーの長さを調整して表示時間を変更します。

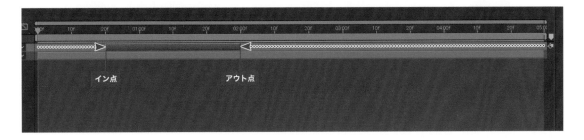

⑦ レイヤーの表示時間の移動

レイヤーを左右にドラッグで移動して、表示開始時間を移動します。

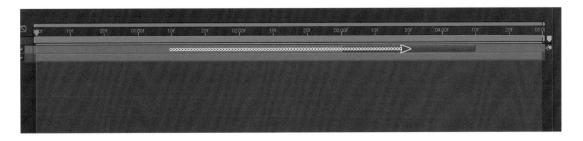

Section 1 ## 4 1時間でアニメーションを作ってみよう！

では、実際に After Effects を触ってみましょう！ 簡単なアニメーションを作って、制作全体の流れをざっくりと理解します。ここでは専門用語や機能の意味が理解できなくてもいいので、まず手順通りに進めて完成を目指してください。

∷ 今回作るアニメーション

　After Effects の基本となる「トランスフォーム」の「キーフレームアニメーション」でアニメーションを作成して動画を書き出します。ここで作成するのは、アニメーションのベーシックな型の一つである、画像・文字・図形を組み合わせた動画です。使用する画像素材はサンプルデータをご用意していますので、ダウンロードして使用してください。
※サンプルデータについては、326 ページを参照してください。

Ae【サンプルデータ 1-4-1】

∷ 制作の流れ

　After Effects の制作の流れは、大きく 3 つの工程があります。

STEP 1　**コンポジションを作る**（目標時間：1 分）

STEP 2　**アニメーションを作る**（目標時間：40 分）

STEP 3　**動画を書き出す**（目標時間：15 分）

　ここから 1 時間を目標に 3 秒のアニメーション動画を完成させます。ひとつひとつの機能について学ぶ前に、なんとなく After Effects がどんなものかを体験するのが目的ですので、専門用語や意味がわからなくてもそのまま手順通りに進めてみてください。「先に基礎を理解したい」「理屈から入りたい」という方は、最初に Chapter 2 でキーフレームとトランスフォームの基礎を学んでから、こちらを実践していただいても大丈夫です。
　After Effects の基礎は Chapter 1 と Chapter 2 を行き来することで理解が深まります。少し触ってみて After Effects が難しいなと感じた方は、ぜひ Chapter 1 と Chapter 2 を二周以上やってみてください。きっと理解が深まるはずです！

STEP 1　コンポジションを作る

After Effectsを起動し、【コンポジション】パネルの【新規コンポジション】**1**をクリックします。

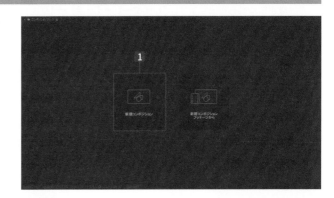

【コンポジション設定】ダイアログボックスが表示されます。【コンポジション名】に【MUG】**2**と入力して、【プリセット】から【HD・1920 x 1080・29.97fps】**3**を選択します。
【デュレーション】に3秒【0:00:03:00】**4**と入力して、【OK】ボタン**5**をクリックします。

　これでフルHDサイズの3秒のコンポジションが作成できました。タイムラインでアニメーションを作成します。作成したアニメーションはプレビュー画面に表示されます。

01 背景の作成

最初に背景を作成します。【レイヤー】➡【新規】➡【平面】**1**（ Ctrl/command ＋ Y キー）を選択します。

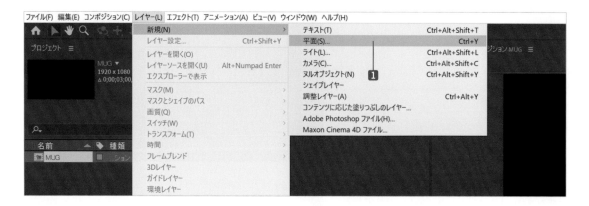

【平面設定】ダイアログボックスが表示されます。
【名前】に【赤】**2** と入力して【カラー】**3** をク
リックし、赤い平面の背景を作成します。

【平面色】ダイアログボックスで色を薄めの赤に設
定します。
クリックして色を選択**4** するか、カラーコード
に【ED5B64】**5** と入力します。
最後に、【OK】ボタン**6** をクリックします。

※本書の作例と全く同じ色で作りたい場合だけ、カラー
　コードを入力してください。クリックして選択した類
　似の赤色に設定しても、進行には問題ありません。

【サイズ】**7** は初期設定で画面サイズと同じになっています。
作成する平面の設定ができたので、【OK】ボタン**8**をクリックします。

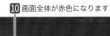

タイムラインに画面サイズの【赤】の平面が配置され**9**、
画面全体が赤くなりました**10**。
この平面を【最初の背景】として使用します。

10 画面全体が赤色になります

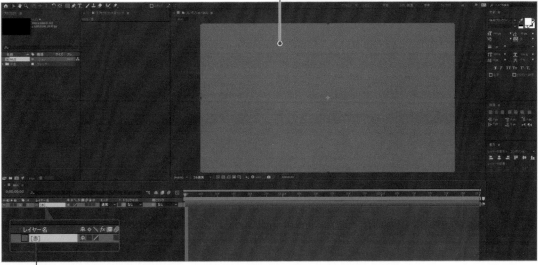

9 タイムラインに【赤】レイヤーが配置されています

02　画像の読み込み

【サンプルデータ1-3-1】の【MUG】を用意してください。【MUG】が用意できたら、【ファイル】➡【読み込み】
➡【ファイル】**1**（ Ctrl/command ＋ I ）を選択します。

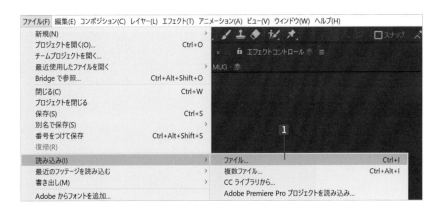

※【MUG】はマグカップの
画像素材です。

ダウンロードした【MUG】**2**を選択して、【読み込み】ボタン**3**をクリックします。

読み込んだ素材は【プロジェクト】パネルに表示されるので、タイムラインに配置します。
【MUG】**4**をドラッグしてタイムラインの【赤】レイヤーの上**5**に配置すると、マグカップの画像が表示されます。

マグカップの位置と大きさを調整します。タイムラインの【MUG】レイヤーにあるタブ▶**6**をクリックして開きます。【トランスフォーム】が表示されるので、そのタブ▶**7**も開きます。

【トランスフォーム】で素材の配置を調整します。
最初に大きさを変更します。【スケール】の数値
をクリックして【45】**8**と入力し、Enter キー
を押します。

元のサイズ（100%）に対して45%のスケールと
なり、マグカップが小さくなりました。

次に位置を調整します。画面中央の下寄りに移動
します。ここでは【位置】の数値をクリックして、
【880,720】**9**と入力します。

これで、マグカップの画像が配置できました。

03 テキストの作成

文字を配置します。画面左上の【ツール】パネルから【横書き文字ツール】**1**を選択します。
【横書き文字ツール】でプレビュー画面上をクリックすると文字が入力できます。ここでは【マグ】**2**と入力し、文字以外の部分をクリックして文字の入力を確定します。

フォントを設定します。タイムラインに作成された文字の【マグ】**3**レイヤーをクリックして選択します。

【文字】パネルで文字を設定します。
【フォント】から使用するフォント名を選択します。ここでは、【TA-F1 ブロックライン】**4**を選択します。
【フォントサイズ】をクリックして、サイズを設定します。ここでは、【850】**5**に設定します。
【文字のトラッキング】をクリックして、文字の間隔を設定します。ここでは、【75】**6**に設定します。

また、【段落】パネルで【テキストの中央揃え】**7**をクリックして選択します。

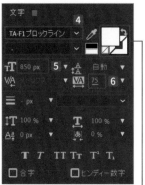

※フォントがインストールされていない場合は、その他のフォントで進めてください。インストールについては、18ページを参照してください。

※文字のカラーが初期設定の白になっていない場合は、ここで白に変更してください。

位置を調整します。タイムラインの【マグ】レイヤーのタブ**8**を開き、【トランスフォーム】**9**を表示します。
【位置】の数値をクリックして、【910,700】**10**と入力します。

画像と文字の重なりの順序を変更します。
【MUG】レイヤーを上にドラッグして、【マグ】レイヤーの上**11**に移動します。

これで背景の上に文字、文字の上に画像の順番で基本レイアウトが作成できました。
このレイアウトを決めの形として、出現のアニメーションを作成します。疲れた方は、ここで一息入れましょう！

STEP 2 アニメーションを作る

01 マグカップの落下アニメーション

画面左上の【ツール】パネルから【選択ツール】**1**を選択します。

【MUG】が上から降ってくるアニメーションを作成します。まず現在の決め位置を固定します。

【現在の時間インジケーター】■を右にドラッグして、【10フレーム】**2**に移動します。

【MUG】レイヤーのタブ ▶ **3** を開き、【トランスフォーム】の【位置】にある【ストップウォッチ】**4**をクリックします。

【位置】に点**5**が作成されます。この点を**キーフレーム**と呼び、10フレームの時の【位置】の状態を記録した点となります。
これで、決め位置が固定できました。

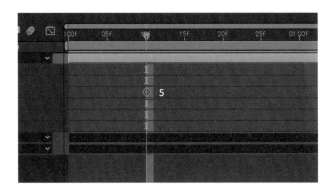

【MUG】の開始位置を画面の上方向の外に移動します。

【現在の時間インジケーター】■を左にドラッグして、【0秒】**6**に移動します。

【MUG】レイヤーの【位置】の数値をクリックして、【880,-400】**7**と入力します。

【0秒】の【位置】にもキーフレームが作成され、現在の位置が記録されました。

Space キーを押して再生すると、マグカップが
上から降ってくるようになりました。もう一度
Space キーを押して停止します。
このように時間ごとの状態をキーフレームで記録
することで、その変化の過程がアニメーションに
なります。

次に、着地したマグカップがバウンドする動きを設定します。
【現在の時間インジケーター】 を右にドラッグして、【15フレーム】8 に移動します。
【MUG】レイヤーの【位置】の数値をクリックして【880,700】9 と入力すると、マグカップが着地時より少しだけ上に
移動して、キーフレームが作成されます。

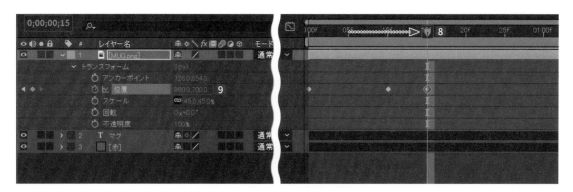

そしてその後に、決め位置に戻します。
【現在の時間インジケーター】 を右にドラッグして、【20フレーム】10 に移動します。
【MUG】レイヤーの【位置】の数値をクリックして【880,720】11 と入力すると、決め位置に戻ったキーフレームが作
成されます。【現在の時間インジケーター】 を左にドラッグして【0秒】に移動し、 Space キーを押して再生すると、
【MUG】が上から降ってきて着地した後、一度上に跳ねるようになりました。

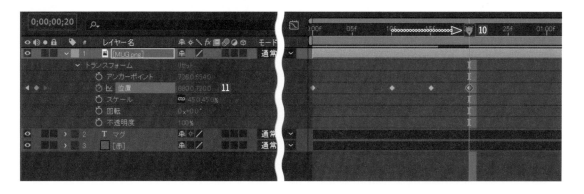

動きに緩急を付けて、いい感じの動きにします。

1つ目のキーフレーム**12**をクリックして選択し、 F9 キーを押します。

3つ目のキーフレーム**13**をクリックして選択し、 F9 キーを押します。

この操作で、1つ目と3つ目のキーフレームの形が変化します。この状態で再生すると、落下時とバウンスした動きに緩急が付きます。この機能を「**イージーイーズ**」と呼びます。これで、【MUG】の落下アニメーションが作成できました。

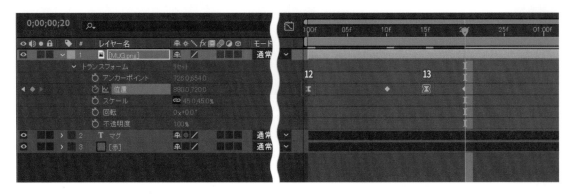

02　飛び出すテキストのアニメーション

マグカップが着地したと同時に、画面下から【**マグ**】の文字が飛び上がるアニメーションを作成します。作り方は【MUG】と同じで、【**位置**】にキーフレームを設定します。先に決め位置のキーフレームを作成します。

【**現在の時間インジケーター**】をドラッグして、【**20フレーム**】**1**に移動します。

【**マグ**】レイヤーのタブを開き、【**トランスフォーム**】の【**位置**】にある【**ストップウォッチ**】**2**をクリックします。

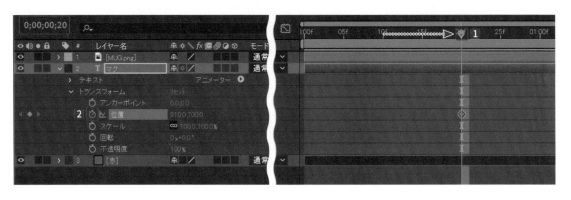

【**マグ**】の開始位置を画面の下方向の外に移動します。

【**現在の時間インジケーター**】をドラッグして、【**10フレーム**】**3**に移動します。

【**マグ**】レイヤーの【**位置**】の数値をクリックして、【**910,2000**】**4**と入力します。

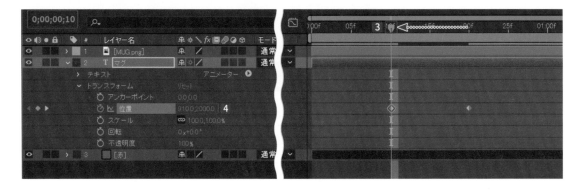

1つ目のキーフレーム**5**をクリックして選択し、 F9 キーを押します。これで画面下からテキストが出現するようになりました。【現在の時間インジケーター】をドラッグして【0秒】に移動し、 Space キーを押して確認してみましょう。

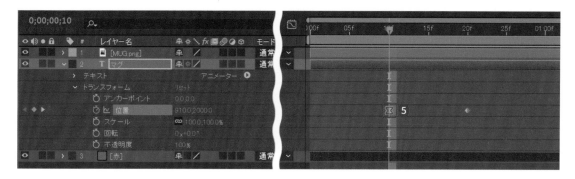

03　背景の色変更アニメーション

最後に背景の色を変更する装飾演出を作成します。ここでは、画面中央から円が広がって色が変わるようにします。
【ツール】パネルから【長方形ツール】**1**を長押しして【楕円形ツール】**2**を選択します。

タイムラインの何もない部分**3**をクリックして、レイヤーの選択を解除します。

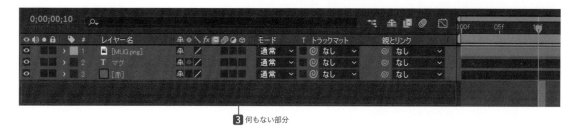

3 何もない部分

【楕円形ツール】で Shift キーを押しながらプレビュー画面上を斜めにドラッグ**4**して、正円を描きます。

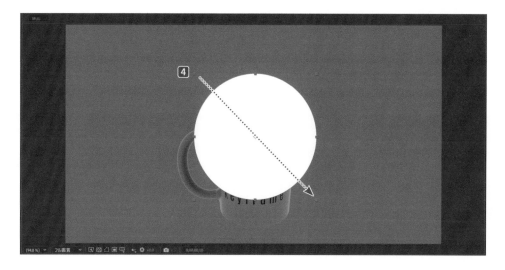

タイムラインに正円の【シェイプレイヤー1】**5**が作成されました。
このような図形のレイヤーのことを「**シェイプレイヤー**」と呼びます。

【ツール】パネルから【**選択ツール**】**6**を選択します。

【**シェイプレイヤー1**】**7**を下にドラッグして【**赤**】の上に移動します。【**シェイプレイヤー1**】をクリックして選択すると、
レイヤー上に点が表示されます。この点が正円の中心にあることを確認してください。もし中心にない場合には、
Ctrl/command ＋ Alt/option ＋ Home キーを押して中心に設定します。
これで、背景色変更用の円が作成できました。

この点が中心にあるか確認

【**シェイプレイヤー1**】にアニメーションを設定します。
【**現在の時間インジケーター**】■をドラッグして、【**10フレーム**】**8**に移動します。
レイヤーを右にドラッグして、レイヤーの左端（イン点）を【**10フレーム**】**9**に合わせます。
S キーを押して【**スケール**】を表示し、【**ストップウォッチ**】⏱**10**をクリックします。
【**スケール**】の数値をクリックして、【**0**】**11**と入力します。
これでサイズがなくなり、正円が見えなくなった状態のキーフレームが作成できました。

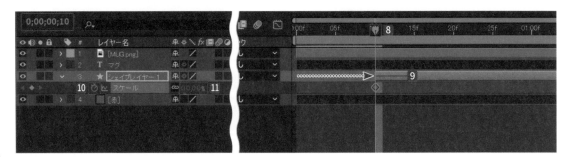

アニメーションで円が画面全体を覆い尽くす大き
さに変更します。

【現在の時間インジケーター】■をドラッグして
【20フレーム】■に移動します。

【スケール】の数値を右にドラッグして、画面全
体に表示されるまで大きくします。本書のケース
では、【450】■に設定しています。

1つ目のキーフレーム■をクリックして選択し、
F9 キーを押します。

これで、円が広がって背景色が変わるようになり
ました。 Space キーを押して、再生して確認し
てみましょう。

※画面全体に表示する大きさは、最初にドラッグで作成した円の大きさに
よって変化するので、それぞれ【スケール】の数値を調整してください。

円の色を変更します。タイムラインの【シェイプ
レイヤー1】を選択して【塗りのカラー】■をク
リックします。

【シェイプの塗りカラー】ダイアログボックスで色
を紺色に設定します。

クリックして色を選択■するか、カラーコード
に【283467】■と入力して、【OK】ボタン■を
クリックします。

※本書の作例と全く同じ色で作りたい場合だけ、カラー
コードを入力してください。クリックして選択した類
似の紺色に設定しても、進行には問題ありません。

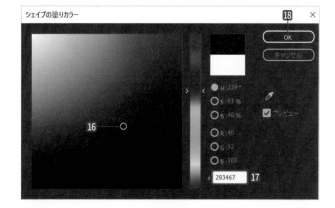

これで2色目の背景色が設定できました。
Space キーを押して、再生して確認してみま
しょう。

【シェイプレイヤー1】を複製して、もう一度色が変化するようにします。

【シェイプレイヤー1】を選択して、 Ctrl/command ＋ D キーを押して複製します。【現在の時間インジケーター】 を右にドラッグして、【20フレーム】19に移動します。複製した【シェイプレイヤー2】レイヤーを右にドラッグして、レイヤーの左端（イン点）を【20フレーム】20に合わせます。

※レイヤーの左端をドラッグして長さを縮めるのではなく、レイヤー自体をドラッグしてそのまま右に移動してください。

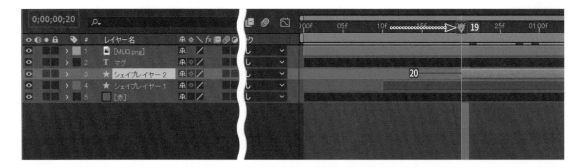

円の色を変更します。タイムラインの【シェイプレイヤー2】を選択して、【塗りのカラー】21をクリックします。

色を薄緑色に設定します。

クリックして色を選択22するか、カラーコードに【009E96】23と入力して【OK】ボタン24をクリックします。

※本書の作例と全く同じ色で作りたい場合だけ、カラーコードを入力してください。クリックして選択した類似の赤色に設定しても、進行には問題ありません。

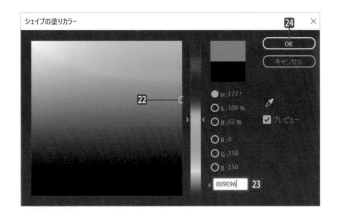

3色目の背景色が設定できました。 Space キーを押して再生し、仕上がりを確認してみましょう。

これで、本サンプルのアニメーション作成が完了です。

STEP 3　動画を書き出す

作成したコンポジションを動画データに書き出します。【タイムライン】パネルの何もないところをクリックして、タイムラインを選択した状態にすると、【タイムライン】パネルの枠**1**に色が付きます。

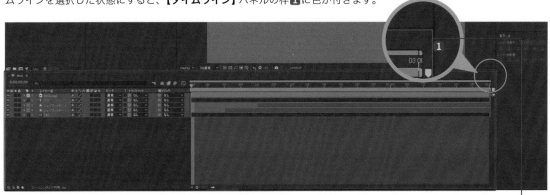

【タイムライン】パネルの枠に色が付くと、選択されている状態です。

【ファイル】➡【書き出し】➡【Adobe Media Encoder キューに追加】**2**を選択します。

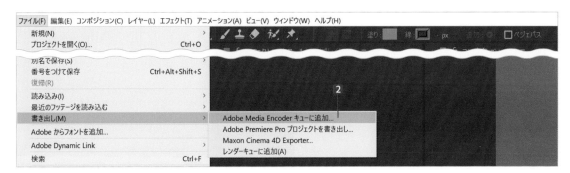

After Effectsとは別のソフトである【Adobe Media Encoder】が起動します。

41

【Adobe Media Encoder】が起動すると、右上のパネルに【キュー】**3**が追加されます。
【キュー】は、After Effectsから Media Encoder に送った書き出し指示のようなものです。
【キュー】の【プリセット】**4**をクリックします。

【書き出し設定】パネルが表示されるので、設定を行います。今回は、標準的なフルHDのMP4で動画を作成します。【形式】は【H.264】**5**、【プリセット】は【YouTube 1080p フルHD】**6**を選択します。
【出力名】**7**をクリックして、【保存先】と【名前】を選択します。
最後に【OK】ボタン**8**をクリックして、設定画面を閉じます。

【保存先】の設定は、本書ではわかりやすいように【デスクトップ】**9**を指定しています。

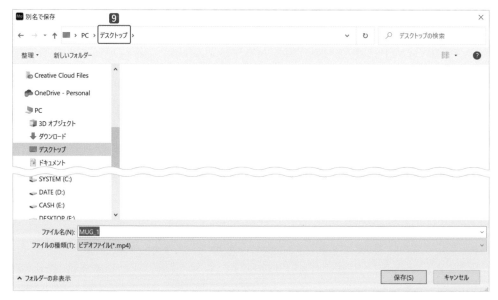

【キューを開始】▶（ Enter / return キー）**10**をクリックすると、動画の書き出し処理が開始します。

【完了】**11**するまで待ちます。

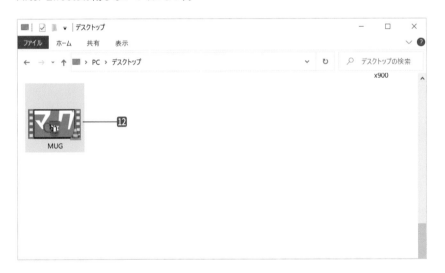

【完了】すると、指定した【保存先】に動画データが作成されます**12**。これで動画が完成です。
以上が、After Effectsを使ったアニメーション作成全体の流れとなります（次ページでファイルを保存するので、まだAfter Effectsは閉じないでください）。

どうですか？　難しかったですか？　もう一度トライしてみると、次はもっとスラスラできて意味もわかってくると思います。理論より実践を重視する方は、After Effectsの基礎の概念と操作を身体で覚えることができるので、ぜひ複数回チャレンジしてみてください。
　Chapter 2では、ここで紹介した「**トランスフォーム**」と「**キーフレーム**」の仕組みを学んでいきます。

データの保存と読み込み

Section 1
5

作ったデータを保存することも大切な要素です。After Effectsの作業データの保存について、早い段階で理解しておきましょう。

:: 作業データの保存

【ファイル】➡【別名で保存】➡【別名で保存】**1**（ Ctrl / command ＋ Shift ＋ S ）を選択します。

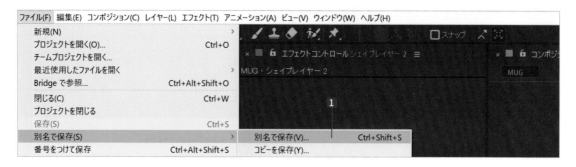

【保存先】**2**を選択して【ファイル名】**3**を入力したら、【保存】ボタン**4**をクリックします。

【保存先】にプロジェクトファイルの【AEP】**5**が作成されます。

　この【AEP】ファイルをダブルクリックすると、保存した状態の作業データを開くことができます。

∷ 作業データの読み込み

【ファイル】➡【プロジェクトを開く】**1**
（ Ctrl / command ＋ O ）を選択します。

【AEP】ファイル**2**を選択して、【開く】ボタン
3をクリックします。

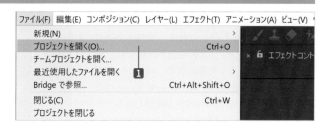

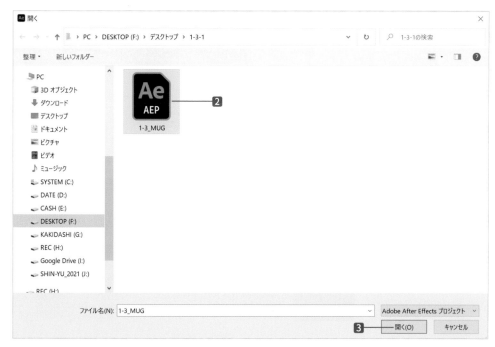

前ページで保存したAfter Effectsの作業データが開きます。

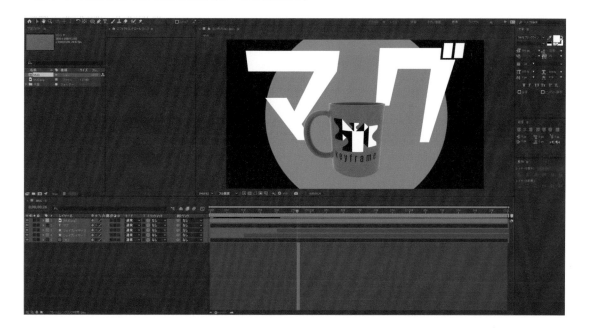

素材を使用したデータの保存について

　After Effectsに動画や画像などの素材データ
を読み込んで制作を行った場合、それらの素材
データは【AEP】ファイルには含まれません。

　【AEP】はファイルを開く際に、パソコンの保
存先のリンクを参照して読み込みます。そのた
め、パソコン内で素材の保存先を変更したりファ
イル名を変更すると、【AEP】ファイルが素材デー
タを見つけられなくなり、読み込めなくなるので
注意してください。

　素材が読み込めなくなると、リンク切れとして
カラーバー**1**で表示されます。

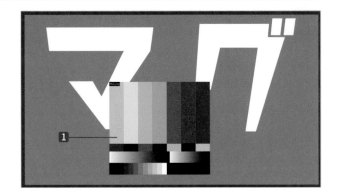

素材リンクの再設定

リンク切れの素材は、新しいリンク先を指定することで復元できます。

【プロジェクト】パネルのリンクが切れている素材ファイルを【右クリック】➡【フッテージの置き換え】➡【ファイル】
1（ Ctrl/command ＋ H ）を選択します。

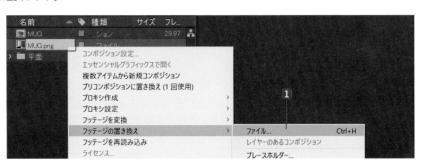

　パソコン内のファイル**2**を選択して【読み込み】ボタン**3**をクリックすると、リンクが再設定されてカラーバーの部分
が正常に表示されるようになります。

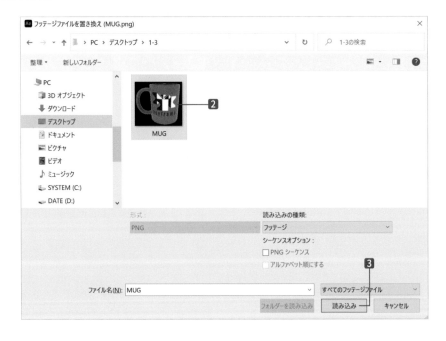

素材ファイルを収集して保存

ファイルを収集することで、素材データもまとめた状態で保存することができます。

【ファイル】➡【依存関係】➡【ファイルを収集】**1**を選択します。

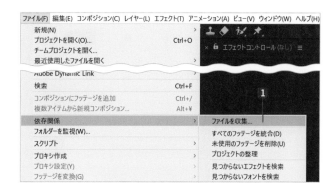

【ソースファイルを収集】から【すべて】**2**を選択して、【収集】ボタン**3**をクリックします。

【保存先】**4**を選択して【ファイル名】**5**を入力したら、【保存】ボタン**6**をクリックします。

　【保存先】にフォルダー**7**が作成され、その中にプロジェクトファイル**【AEP】8**と素材データ**【(フッテージ)】9**がまとめて保存されます。

　制作が完了した後のバックアップに最適な保存方法です。

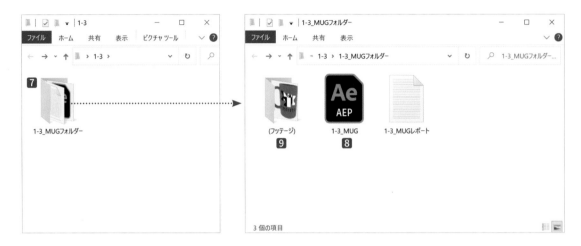

Chapter

2

コンポジションと
キーフレームを理解しよう

After Effectsで行う動画制作の最も基礎の部分、それがコンポジションでのキーフレームア
ニメーションです。ここで、その概念をしっかり学びましょう。

Section 2 / 1 コンポジションについて

After Effectsは、最初にコンポジションを作るところから始まります。聞いたこともない専門用語が次々と出てきますが、1つずつ仲良くなっていきましょう！

:: コンポジションとは

「**composition**」という言葉は「構成、構造、組立、構図」といった意味があり、映像制作以外のいろんな業界、例えば建築や文学、音楽などでも使われている言葉です。美術館に行くと、絵画や立体のタイトルに「**コンポジション**」というワードが含まれているものも見かけます。After Effectsでは、「制作する画面」のことを指します。画面上でさまざまな素材を組み合わせるので、意味もそのまま捉えることができます。

:: コンポジションの要素

After Effectsにおいてのコンポジションの要素を見ていきましょう。動画を構成する大枠として3つの要素があります。

01 解像度（画面サイズ）

解像度は画像の横と縦に並んでいるピクセルの数のことで、一般的な映像の画面サイズはピクセル数で定義されています。デジタル画像は「小さな四角形」を敷き詰めて表現しています。この四角形がピクセルです。同じ画像でもピクセル数が多いほど全体における1ピクセルの比率は小さくなり、高画質になります。

ピクセル数による表現力の差

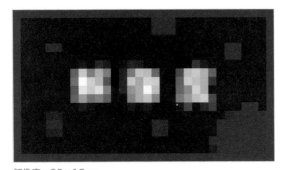

解像度：32×18px
横32個、縦18個のピクセル画像ではほとんど表現できない

解像度：1920×1080px
横1920個、縦1080個のピクセル画像でフルHD規格

一般的な解像度の種類

規格	解像度	解像度	概要
SD	640 × 480	480p	DVD画質で旧世代の画質
HD	1280 × 720	720p	小さなHDの規格
フルHD	1920 × 1080	1080p	現在の標準的な画質
4k	3840 × 2160	2160p	普及しつつある高画質

一般的な設定はこの4種類です。高画質になればなるほど、動画のファイルサイズと編集処理が重くなり、その分ハイスペックなパソコンと大容量で高速なSSDが必要になります。はじめのうちはフルHDで作るのがおすすめです。

02　フレームレート

動画1秒間あたりのコマ数の設定です。英語の「frames per second」を略して「fps」と表記します。動画はパラパラ漫画のように静止画を連続で表示して動きを表現しています。1秒間あたりのコマ数が多いほど、滑らかな動画になります。

1文字ずつ表示するアニメーションの場合

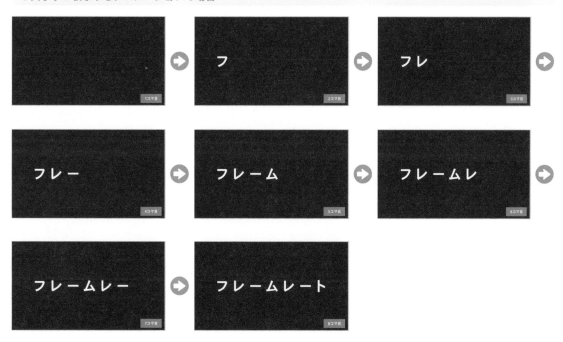

　例えば、7つの文字を一文字ずつ表示する動画を作る場合、8コマ（フレーム）必要となります。それを1秒のアニメーションで表現する場合、最低8fps必要となります。フレームレートが高いほど動きの中間の描画が増えるので、細かく滑らかに動きを表現できます。ただし、フレームレートが高いほどファイルサイズと編集にかかる処理も重くなります。

一般的なフレームレートの種類

規格	概要
24p	日本では23.97fps：映画やアニメでよく使われる設定
30p	日本では29.97fps：従来の標準的な設定
60p	日本では59.94fps：一般化しつつある設定

　一般的な設定はこの3種類です。フレームレート設定は、制作する映像の作風で選んだり、レンダリング時間の短縮などのコスト面などさまざまな要因で使い分けます。はじめのうちは、標準的な「**30p**」で始めるのがおすすめです。

03　デュレーション

「**デュレーション**」は、コンポジションの時間（尺）です。After Effectsは制作する動画の長さを最初に決めてから制作に入ります。デュレーションはいつでも変更することができるので、大体の尺を決めて設定します。

デュレーションの時間表記

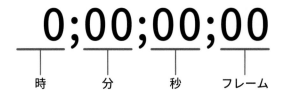

時　　分　　秒　　フレーム

例えば、15秒のコンポジションを作る場合はデュレーションを【0;00;15;00】に設定します。

0;00;15;00

:: 本書での時間表記について

本書のタイムコードは、実用性を重視して以下の「**省略表記**」および「**読み方**」で記載しています。

After Effectsで表示されている正式表記とは異なる記載なので、最初はわかりにくいかもしれませんが、「実用的な呼称では、この方が良いのでは」と判断しました。

次の3種類の表記は、さまざまなシーンで混在して使われますので、どれを見ても同じ読み方ができるように慣れておきましょう。

例1　正式表記：0;00;09;29

　　　省略表記：09;29

　　　読み方　：9秒29フレーム

例2　正式表記：0;15;17;08

　　　省略表記：15;17;08

　　　読み方　：15分17秒8フレーム

世界の国ごとにフレームレートの規格が違う

世界基準のテレビの映像放送規格に「**NTSC**」と「**PAL**」という2種類があります。

日本は「NTSC」が採用されていますので、動画の撮影と編集機器も「NTSC」規格に沿った設定が多く採用されています。この2つの一番の違いは、フレームレートの規格です。

フレームレート	NTSC	PAL
24p	23.97fps	24fps
30p	29.97fps	30fps
60p	59.94fps	60fps

Chapter

2

例えば、「**30p**」設定の中でも「**29.97fps**」と「**30fps**」の2種類があります。元はテレビ放送向けの規格なので、YouTubeなどのWeb動画制作では特に気にする必要はないのですが、日本では「NTSC」の「29.97fps」で制作するのがまだまだ主流です。もし、テレビや街頭ビジョンなどの放映媒体が決まっている場合は、入稿先の媒体に適切な設定を事前に確認しておきましょう。

TIPS 「30p」「60p」の「p」ってなに？

映像を規格で表記する際、「24p」・「30p」・「60p」のように数字の後ろに「**p**」がセットで表記されています。規格の種類としては「p」以外にもう一つ「**i**」が存在します。これもテレビ放送規格によるもので「インターレース設定」の「**プログレッシブ= p**」と「**インターレース= i**」を示す文字となります。「i」はテレビ放送のための規格で、放送を効率化するために画質が劣化します。撮影や編集の設定で「p」と「i」が選べる場合（納入先の指定がない場合）は、必ず「p」を選びましょう。最終的にテレビで見るためのDVDやBlu-rayで「i」のデータを作成する場合は、編集が終わった最後に「p」から「i」に変換を行います。

画質設定の表記例

解像度とフレームレートの数字とアルファベットはさまざまな組み合わせ方で表現されますが、すべて同じ意味です。

表記例1	表記例2	表記例3
HD720 / 24p	720p / 24	1280 × 720 24p
フルHD / 30p	1080p / 30	1920 × 1080 30p
4k / 60i	2160i / 60	3840 × 2160 60i

:: コンポジション設定

実際の【コンポジション設定】ダイアログボックスでは、以下のように表記されています。基本的な設定は【プリセット】から選んで使用します。目的や必要に応じて、「**プリセット（解像度）**」「**フレームレート**」「**デュレーション**」を変更しましょう。

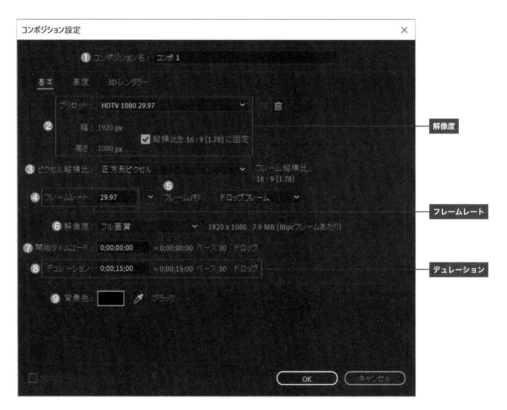

設定項目

項目	概要
❶ コンポジション名	わかりやすい名前を決めて入力します
❷ プリセット	コンポジションの解像度を選択、入力します
❸ ピクセル縦横比	通常は「正方形ピクセル」を使用します
❹ フレームレート	動画のコマ数です
❺ フレーム/秒	近年は「ドロップフレーム」が主流（テレビなどの放映用制作以外は気にしなくてよい）
❻ 解像度	プレビュー再生の画質を設定します
❼ 開始タイムコード	通常は「0;00;00;00」を使用します
❽ デュレーション	コンポジションの長さです
❾ 背景色	プレビュー画面の背景色を設定します（作る動画には影響しない）

∷ コンポジションの作り方

最初のコンポジションは、**【新規コンポジション】1**をクリックして作成します。

2つ目以降は、**【コンポジション】➡【新規コンポジション】2**（ Ctrl/command ＋ N キー）を選択して作成します。

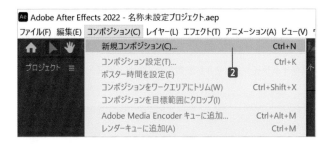

【コンポジション設定】ダイアログボックスでコンポジションの詳細を設定します。

本書の解説は、「**フルHD / 30p**」で進めます。

●設定例

【コンポジション名】は、例えば**【CUT_01】3**など、わかりやすい名前を入力します。

【プリセット】は、**【HD・1920x1080・29.97fps】4**を選択します。

【デュレーション】は、例えばフルHDで5秒のコンポジションを作成する場合は、**【0;00;05;00】5**と入力します。

設定が完了したら、**【OK】**ボタン**6**をクリックします。これで、コンポジションが作成できました。

:: コンポジションの使い方

【コンポジション設定】ダイアログボックスでコンポジションを作成すると、設定内容が反映された作業画面が表示されます。

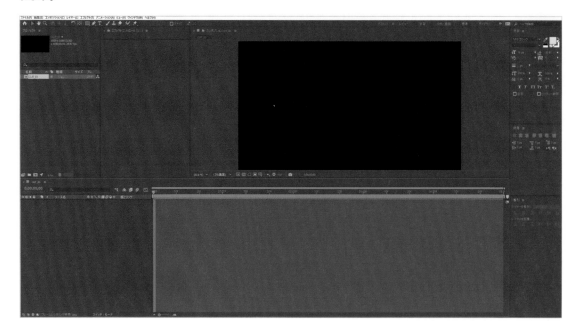

タイムラインとプレビュー

【タイムライン】パネルに配置した「**動画・写真・グラフィック・文字**」などの素材が【**プレビュー**】に表示されます。

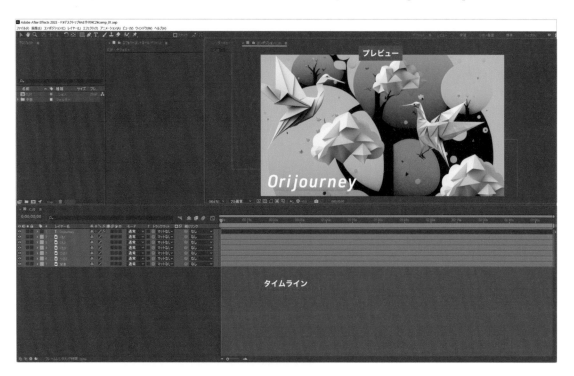

タイムラインのレイヤー

【**タイムライン**】パネルに複数の素材を配置すると、縦に並んでいきます。この素材の重なりを「**レイヤー**」と呼びます。
レイヤーの重なりは、上にあるものが優先して表示されます。

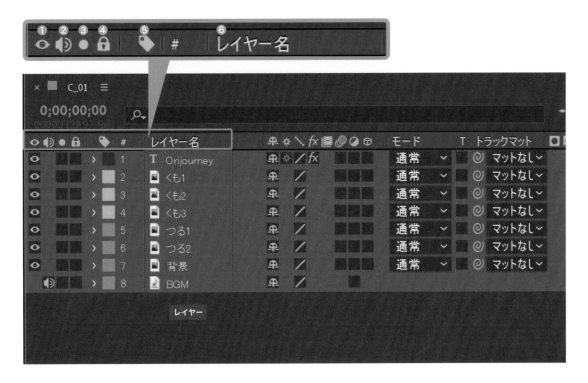

レイヤーの管理

制作中にレイヤー数が増えてくると作業が複雑になってくるので、必要なレイヤーだけを表示させたり、ラベルカラーや
名前を変更しながら作業を行います。
制作を行ってから時間が経過すると、作った本人でさえレイヤーの構造を忘れてしまいます。
レイヤーの順序やラベルカラー、レイヤー名は、自分やチームメンバーが見たときに、パッと見てどれがどれかを判断で
きるように設定するのがおすすめです。

項目	概要
❶ **表示 / 非表示**	レイヤーの表示／非表示を切り替えます。
❷ **オーディオをミュート**	オーディオレイヤーのミュートを切り替えます。
❸ **ソロ**	選択したレイヤーだけを表示します。
❹ **ロック**	選択したレイヤーを操作できなくします。
❺ **ラベル**	レイヤーの色を変更します。
❻ **レイヤー名**	レイヤーを選択した状態で Enter キーを押すと、レイヤー名を変更できます。

▪️ コンポジションもレイヤーとして重ねられる

　コンポジションを複数作成して別のコンポジションに入れることもできます。例えば、下記のような3つのコンポジションを作成します。

① コンポジション名【CUT_01】、解像度：幅【1920】高さ【1080】

② コンポジション名【L】、解像度：幅【960】高さ【1080】

③ コンポジション名【R】、解像度：幅【960】高さ【1080】

【CUT_01】はフルHDサイズで、【L】と【R】は幅が半分のサイズのコンポジションです。

① 【CUT_01】　　　　　　　　　　　**②** 【L】　　　　　　　　　　　**③** 【R】

　複数作成したコンポジションは、【タイムライン】パネルのタブをクリックして切り替えます。

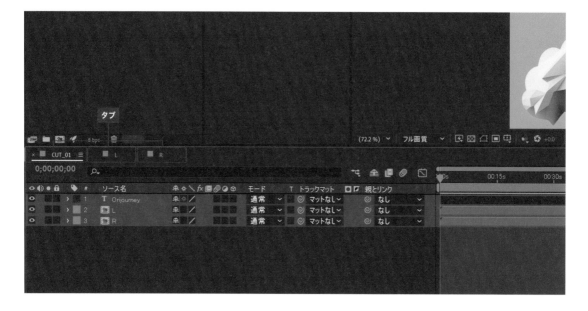

コンポジションの中にコンポジションを入れる

【CUT_01】のタイムライン1に【L】と【R】のコンポジション2を【プロジェクト】パネルからドラッグして読み込み3、【L】を左端、【R】を右端に配置することで分割画面4を作ることができます。

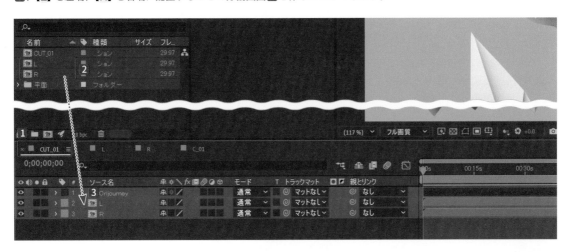

　サイズの異なるコンポジションの組み合わせを変更するだけでも、さまざまなレイアウトや演出を作成することができます。

　「**コンポジションを組み合わせる**」という考え方は、After Effectsの作業で必要になる視点なので、いつも頭の片隅に置いておきましょう。

Section 2

2 キーフレームアニメーション

After Effectsで作る動きの基本はキーフレームアニメーションです。位置や大きさなどの状態を時間ごとに記録することで、その間を補完する動きが作成されます。

∷ キーフレームアニメーションの概念

マグカップを画面の左側に配置して、【0秒】の【位置】**1**にキーフレームを設定します。

続けて、マグカップを画面の右側に移動して、【1秒】の【位置】**2**にキーフレームを設定します。

Ae【サンプルデータ2-2-1】

1【0秒】の【位置】のキーフレーム

2【1秒】の【位置】のキーフレーム

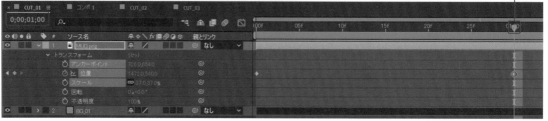

　この状態で再生すると、マグカップが1秒間で
左から右に移動します。
　このように、開始の状態と終了の状態を記録す
ることで、間を補完して動きを作るのがキーフ
レームアニメーションです。

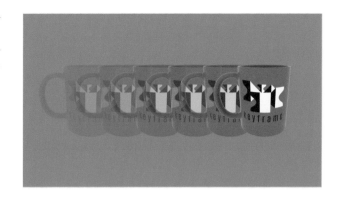

　キーフレームは、設定する項目の【ストップウォッチ】◎ 3 をクリックして有効にします。2つ目以降は、その設定数
値を変更すると自動で作成されます。そのままの数値で作成する場合は、【キーフレームの追加と削除】アイコン◆ 4 を
クリックして追加することができます。

位置の動きの例

　位置は横（X軸）・縦（Y軸）・斜め（XY軸の組み合わせ）で動かすことができます。
　0秒のときに画面上の外に配置してキーフレームを設定し、10フレームのときに画面中央に配置してキーフレームを
設定すると、マグカップが降ってくるアニメーションになります。

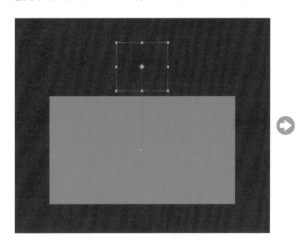
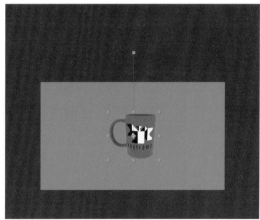

さらに、15フレームのときに少し上に配置してキーフレームを設定し、20フレームで画面中央にキーフレームを設定すると、マグカップが着地してから跳ねるアニメーションになります。これが、Section 1-3のマグカップアニメーションの原理です。

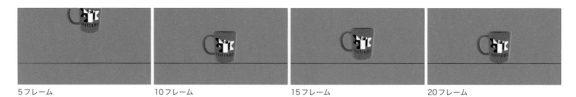

5フレーム　　　　　　　　10フレーム　　　　　　　　15フレーム　　　　　　　　20フレーム

　0秒のときに画面左上の外に配置してキーフレームを設定し、1秒のときに画面中央にキーフレームを設定すると、マグカップが斜めに滑り落ちてくるアニメーションになります。

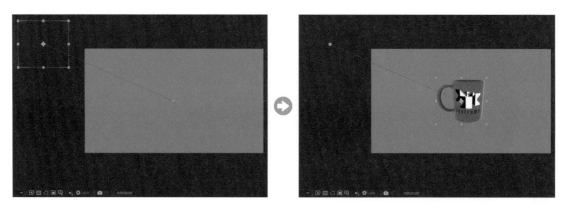

　このように位置の動きだけでも、数多くのバリエーションを作ることができます。さらに、After Effectsに用意されているさまざまな要素を組み合わせることで、複雑な表現を作ることができます。

⠿ キーフレームの時間補間法

キーフレームで設定した動きの速度の補完方法を変更できます。時間補間法には、大きく分けて3種類あります。

時間補間法 リニア

設定したキーフレームの動き全体が一定の速度で動きます。

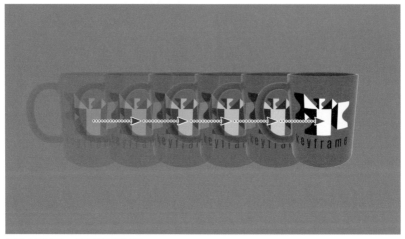

最初から最後まで、一定の速度で移動する。

時間補間法 ベジェ（イーズ）

設定したキーフレームの動きに加速/減速を設定して、動きに緩急を付けることができます。この滑らかさの設定のことを「**イージング**」と呼びます。

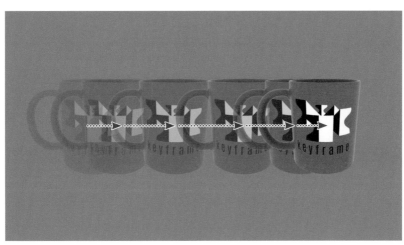

最初と最後がゆっくりになり、中間が一番高速になる。

時間補間法 停止

設定したキーフレームの動きの補完を行わず、次のキーフレーム時間まで現状を保持して、次のキーフレームの時間になるとその瞬間に状態が変わります。

間の動きを補完しないで、瞬時に移動する。

:: 時間補間法の設定方法

イーズ	◆	リニア	キーフレームを作成した初期設定の状態。一定の速度で動く。 その他の補間法からリニアに切り替える操作： Ctrl / command キーを押しながらキーフレームをクリックする。
	∑	イージーイーズ	キーフレームの前後両方の動きを滑らかにする。 設定操作：キーフレームを選択して F9 キーを押す。
	◀	イーズアウト	開始キーフレームの動き出しを滑らかにする。 設定操作：キーフレームを選択して Ctrl / command + Shift + F9 キーを押す。
	▶	イーズイン	終了キーフレームの動き終わりを滑らかにする。 設定操作：キーフレームを選択して Shift + F9 キーを押す。
	◀	停止	次のキーフレームまで動きを停止する。 設定操作： Ctrl / command + Alt / option キーを押しながらキーフレームをクリック。

時間補間法によるキーフレームの変化

時間補間法の設定でキーフレームのアイコンが変化するので、見た目で設定を確認することができます。

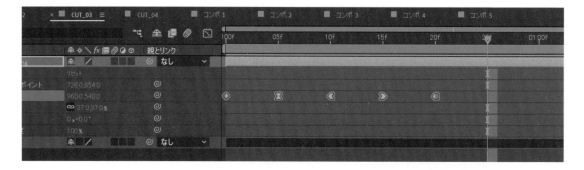

:: キーフレームの空間補間法

キーフレームで設定した動きの軌跡の補完方法を変更できます。空間補間法には、大きく分けて2種類あります。

空間補間法 リニア

設定したキーフレームが直線で動きます。

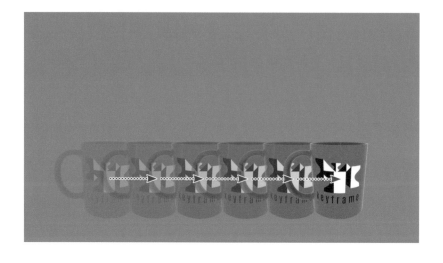

空間補間法 ベジェ（連続ベジェ・自動ベジェ）

設定したキーフレームの動きにカーブを設定できます。これを使うと、2点の位置のキーフレームでも飛び跳ねるような動きを作ることができます。

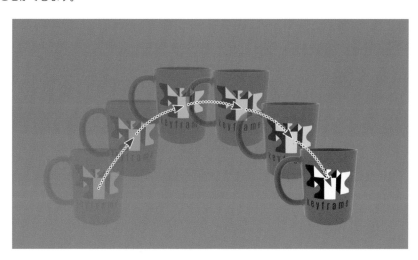

空間補間法の設定方法

キーフレームを【右クリック】**1** ➡ 【キーフレーム補間法】**2**を選択、またはキーフレームを選択してショートカットキー（ Ctrl / command ＋ Alt / option ＋ K ）を押し、【キーフレーム補間法】ダイアログボックスの【空間補間法】から選択します**3**。

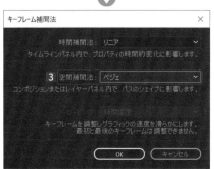

ベジェの設定方法

ベジェに設定してキーフレームを選択すると、プレビュー画面にハンドルが表示されます。
このハンドルの長さと角度を変えることで、カーブの軌跡を調整できます。

ハンドルをドラッグしてカーブを設定   このカーブが移動の軌跡になる

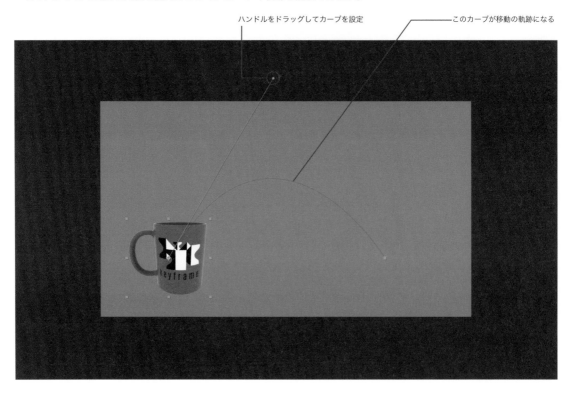

TIPS　意図しないベジェの回避方法

キーフレームを設定していると、意図せず空間補間法のベジェが設定されて変な動きになることがあります。そのような誤操作を回避するために、【初期設定の空間補間法にリニアを使用】を設定しておきましょう。

【編集】➡【環境設定】➡【一般設定】（ Ctrl / command ＋ Alt / option ＋ ; ）を選択して**1**、【環境設定】ダイアログボックスの【一般設定】**2**で【初期設定の空間補間法にリニアを使用】**3**にチェックを入れて【OK】ボタン**4**をクリックします。

Chapter
2

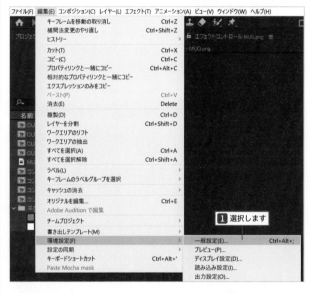

「**空間補間法**」を理解していない状態でAfter Effectsを触っている人は、単純な2つのキーフレームを設定しただけなのに、なぜか変な動き方をするという「**AE(After Effects) あるある**」を体験します。知っていても気付かないまま変な動きが一瞬混じるようなことがあるので、この設定は意識して使うようにしてください。

:: キーフレーム補完を試してみよう!

実際に【時間補間法】と【空間補間法】を設定して試してみましょう。
次の練習用プロジェクトファイルを開きましょう。

Ae 【サンプルデータ2-2-2】

再生して確認

まずは、 Space キーで再生してみましょう。マグカップが左から右に移動します。設定している2つのキーフレーム
は、【キーフレーム補間法】ダイアログボックスの【時間補間法】も【空間補間法】も初期設定の【リニア】の状態です。

:: 時間補間法を適用する

ここではイージーイーズを適用して、キーフレーム間の動きを滑らかにします。
2つのキーフレームをドラッグで囲んで選択します■。

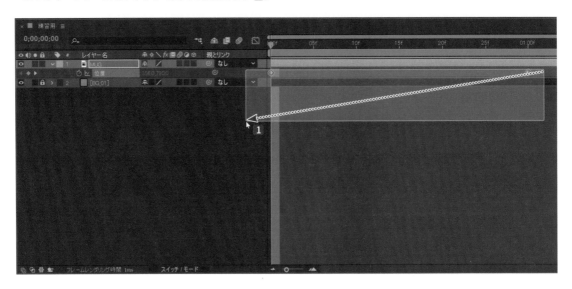

キーフレームを選択した状態で F9 キーを押します。2つのキーフレームが【時間補間法】のイージーイーズになり、加速と減速の効果で滑らかな動きになりました。

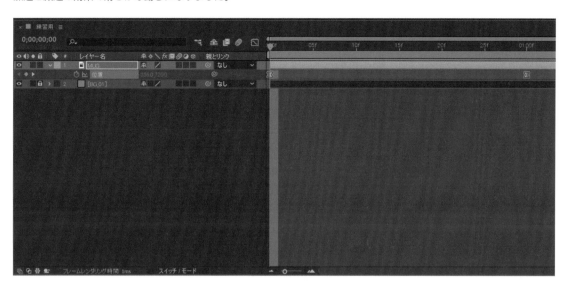

その他の設定も試してみよう

Ctrl / command キーを押しながらキーフレームをクリックして、【リニア】に戻します。

Ctrl / command + Alt / option キーを押しながらキーフレームをクリックして、【停止】にします。

確認できたら、もう一度キーフレームを選択して、 F9 キーでイージーイーズに設定します。

:: 空間補間法の設定方法

0秒のキーフレームを選択した状態で**1**、 Ctrl / command + Alt / option + K キーをクリックします。

【キーフレーム補間法】ダイアログボックスの【空間補間法】から【ベジェ】**2**を選択して、【OK】ボタンをクリックします**3**。

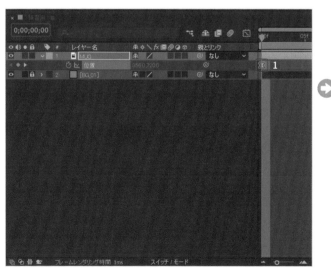

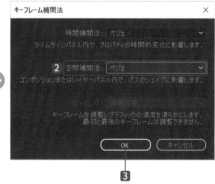

キーフレームを選択すると表示されるハンドルをドラッグして **4**、動きの軌跡をカーブに設定します。

4 ハンドルをドラッグしてカーブを調整

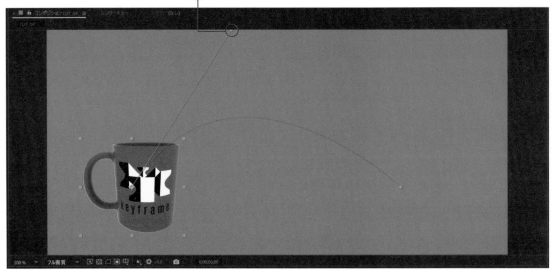

　Space キーで再生すると、カーブに沿って動くようになりました。

　どうですか？　うまくできましたか？　手順を覚えると感覚でスラスラ操作できるようになるので、「難しい…」と思った方は、ここで何度か練習してみてください。

Section 2-3　基本要素はトランスフォーム

キーフレームアニメーションで動かすすべての要素の基礎となるのが、トランスフォームです。トランスフォームを理解するだけでもかなりのバリエーションの動きを作ることができます。

：： トランスフォームの要素

　【トランスフォーム】は、After Effectsで作成するアニメーションの基本項目として5つの要素で構成されており、これらの設定を組み合わせて動きを表現します。まずは、それぞれの設定方法と使い方の視点を身に付けましょう。

　ここでは、動かす素材もシンプルなラフ画を使っていきます。このようなラフ画を動かすことは、実際のお仕事でも、動画の下書きのような「Vコン（ビデオコンテ）」として制作を行っています。

トランスフォームの効果

項目	概要
❶ アンカーポイント（Aキー）	トランスフォームの中心点。動きの中心となる点
❷ 位置（Pキー）	位置。横（X軸）と縦（Y軸）の座標数値で表す
❸ スケール（Sキー）	大きさ。元のサイズを100%として表す
❹ 回転（Rキー）	角度。回転数×角度で表す
❺ 不透明度（Tキー）	透明度（100%で不透明）

　レイヤーを選択してショートカットキーを押すと、その項目だけを表示させることができます。

トランスフォーム❶　位置

【位置】の基本

　【位置】は、横軸の【X軸】❶と縦軸【Y軸】❷の
2つの座標で数値化されます。

数値の変更方法

・数値上を左右にドラッグして増減

・数値をクリックして、直接入力

・数値をクリックして、【↑】【↓】キーで増減

・数値をクリックして、【+10】のように計算
　式を入力

・【選択ツール】でプレビュー画面の素材をド
　ラッグして移動

　位置の座標の数値は、コンポジションサイズが基準となります。例えば**フルHDサイズ（1920 × 1080）**の場合には、
【X軸】の左端〜右端が**0〜1920px**、【Y軸】の上端〜下端が**0〜1080px**となります。

例　❶【0,0】　❷【1920,1080】　❸【960,540】　❹【1440,360】　❺【400,1000】

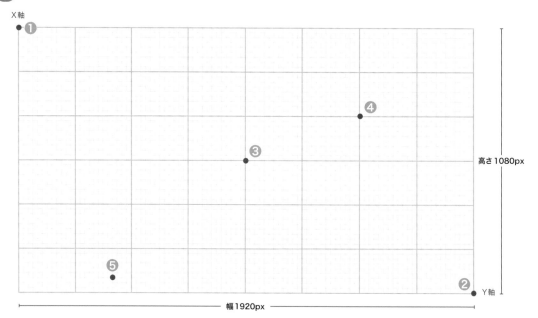

　設定したレイヤーの【アンカーポイント】が座
標軸に来るように配置されます。

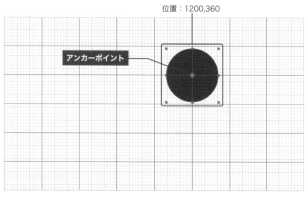

∷【位置】のアニメーション

【サンプルデータ2-3-1】

　波と船と雲が配置されたコンポジションです。この絵に位置で動きを付けてみましょう。

　【船】のトランスフォームを開いて **1**、【位置】の【ストップウォッチ】 **2** をクリックして有効にします。これで、0秒の船の位置を記録したキーフレーム **3** が作成できました。

> 💡 **TIPS** 本書の時間表記の復習です
>
> 改めて、表記と読み方に慣れておきましょう！
>
> 正式表記：0;00;09;29
> 省略表記：09;29
> 読み方：9秒29フレーム

　【現在の時間インジケーター】を右端の【09;29フレーム】 **4** に移動して、【船】の【位置】のX軸の数値を左にドラッグして、船を左に移動します。ここでは、【900】 **5** ぐらいに設定します。

　これで、最後の時間にも船の位置のキーフレーム **6** が作成できました。

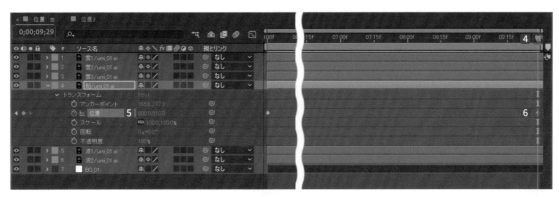

　 Space キーを押して再生すると、船が左から右に動くようになりました。

　同じ移動時間の中で、船の移動量が大きくなれば早く動き、移動量が小さくなればゆっくり動くようになります。移動量を調整して、自分好みの動きに仕上げてみましょう。

次に、雲がゆっくり右に流れるように設定します。【現在の時間インジケーター】■を【0秒】に移動します。
【雲1】の【トランスフォーム】を開いて、【位置】の【ストップウォッチ】■7をクリックして有効にします。
これで、【0秒】のキーフレーム8が作成できました。

【現在の時間インジケーター】■を右端の【09;29】9に移動して、【雲1】の【位置】のX軸の数値を右にドラッグして
船を右に移動します。ここでは、【250】10ぐらいに設定します。
　これで、最後の時間の位置のキーフレーム11が作成できました。

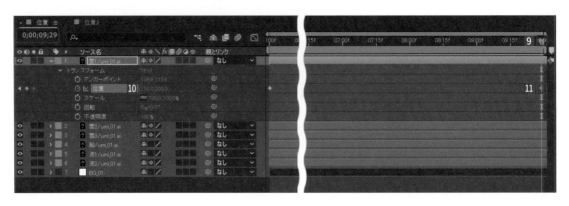

Space キーを押して再生すると、【雲1】が
ゆっくり右に移動するようになりました。

同じ要領で、【雲2】と【雲3】も動かします。

【雲2】の【トランスフォーム】⓬を開いて、【位置】のキーフレームを設定します。

例えば、ここでは【00;00】⓭はX軸【770】、【09;29】⓮はX軸【810】と設定します。

操作手順は、【雲1】とまったく同じです。ゆっくり右に動くように設定します。参考数値を無視しても問題ありません。

【雲2】がゆっくり右に動いていれば正解です。

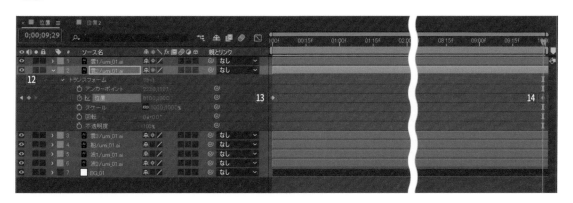

【雲3】の【トランスフォーム】⓯を開いて、【位置】のキーフレームを設定します。

例えば、ここでは【00;00】⓰はX軸【1600】、【09;29】⓱はX軸【1700】と設定します。

こちらも、【雲2】とまったく同じ要領です。なんとなく操作が理解できてきましたか？

Space キーを押して再生すると、すべての雲が右にゆっくり動くようになりました。

POINT

> すべての雲の動く速度にバラツキが
> あると、雲同士の距離に変化が出て
> 奥行き感を表現することができます。

波を動かそう

最後に波を動かします。波は上下の動きで躍動感を表現します。

遠くの波【波1】は小さな動きで、近くの波【波2】は大きく動かして距離感を表現します。

【波1】のトランスフォーム**1**を開いて、【位置】のキーフレームを設定します。【**現在の時間インジケーター**】**▐**を【**0秒**】に移動して、【位置】の【**ストップウォッチ**】◙をクリックします。

上下の動きを設定するので、例えば次のように設定します。

【0秒】**2**はY軸【790】（元の位置）
【2秒】**3**はY軸【770】（少し上に移動）
【4秒】**4**はY軸【790】（元の位置）
【6秒】**5**はY軸【770】（少し上に移動）
【8秒】**6**はY軸【790】（元の位置）
【9秒29】**7**はY軸【770】（少し上に移動）

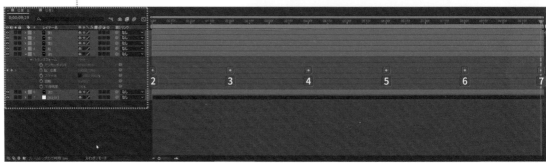

イージーイーズで動きに緩急を付けて自然な動きにします。【位置】**8**をクリックしてすべての位置キーフレームを選択し、F9キーを押してイージーイーズ**9**を設定します。

Space キーを押して再生すると、すべての
【波1】が上下にゆっくり動くようになりました。

　【波1】と同じ手順で【波2】も動かします。【波2】のトランスフォーム10を開いて、【位置】のキーフレームを設定します。【現在の時間インジケーター】▮を【0秒】に移動して、【位置】の【ストップウォッチ】◎をクリックします。

　上下の動きを設定するので、例えば次の
ように設定します。

【0秒】11はY軸【850】（元の位置）
【1秒】12はY軸【810】（少し上に移動）
【2秒】13はY軸【850】（元の位置）
【3秒】14はY軸【810】（少し上に移動）
【4秒】15はY軸【850】（元の位置）
【5秒】16はY軸【810】（少し上に移動）
　　　　：
　1秒間隔で【9秒29】17まで交互の数値で
キーフレームを作成します。

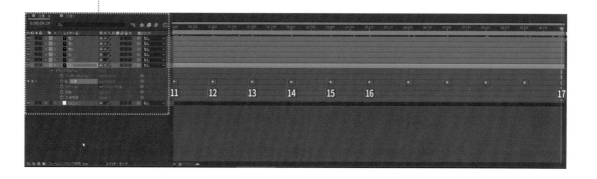

イージーイーズで動きに緩急を付けて、
自然な動きにします。

【位置】18をクリックしてすべての位置
キーフレームを選択し、 F9 キーを押して
イージーイーズ19を設定します。

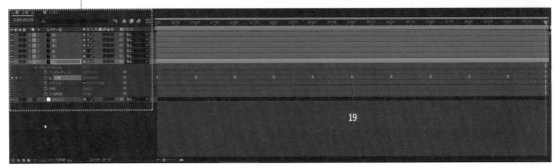

Space キーを押して再生すると、すべての
【波2】が上下に動くようになりました。

このように位置で上下左右に動かすだけでも、
組み合わせ次第で絵の世界観や空気感を表現でき
ます。

アレンジ例

ここまでは個々のレイヤーに対して【位置】の動きを作成しましたが、コンポジションそのものを動かすことでも表現
できます。

例えば、作成した景色を見ている自分の立ち位置も陸地ではなく船の上だった場合、景色全体も上下に揺れるはずです。

サンプルデータの【海2】タブをクリック
で開いてください。これは、新規コンポジ
ション【海2】を作成して、【海1】のコンポ
ジションを配置したものです。

【海1】の【トランスフォーム】**1**を開く
と、【位置】で上下に動くキーフレーム**2**が
設定されています。

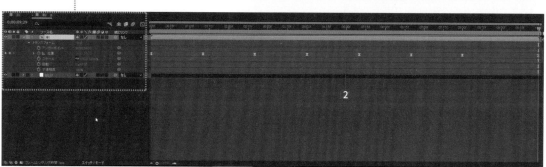

再生すると、【海1】全体が上下に揺れるようようになりました。

このように、少しの工夫で動きを演出することができます。
シチュエーションをイメージして、そこから動きを連想して作るのがアイデア発想の切り口の一つとなります。

Preview

トランスフォーム❷　スケール

【スケール】の基本

【スケール】は、横軸の【X軸】と縦軸の【Y軸】の２つの比率で数値化されます。

【縦横比を固定】のチェックを外すと、それぞれ個々に数値を変更することができます。

【スケール】のサイズは、「%」で指定します。
1【50】（半分の大きさ）
2【100】（素材の元の大きさ）
3【150】（1.5倍の大きさ）

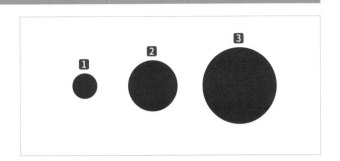

数値の変更方法
・数値上を左右にドラッグして増減
・数値をクリックして、直接入力
・数値をクリックして、【↑】【↓】キーで増減
・数値をクリックして、【+10】のように計算式を入力
・【選択ツール】でプレビュー画面の素材をドラッグして変形

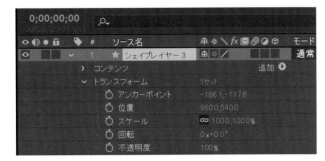

スケールの注意点

動画や写真などのピクセル画像は元のサイズ以上の大きさ、スケール100%以上に大きくすると画質が劣化します。

大きく表示させたい場合は、高解像度の素材を用意しましょう。

文字やシェイプなどのベクター画像は、スケール（大きさ）を100%以上に大きくしても劣化しません。Illustratorのaiデータを使う場合は、【コラップストランスフォーム/連続ラスタライズ】❶を有効にするとベクター画像として扱うことができます。

⠿【スケール】のアニメーション

Ae【サンプルデータ 2-3-2】

　花が配置されたコンポジションです。この絵に
花が咲くイメージの動きをスケールで付けてみま
しょう。

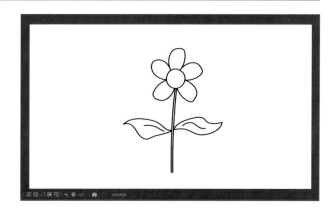

　【花中心】の【トランスフォーム】**1**を開いて、
【スケール】のキーフレーム**2**をクリックして有
効にします。
　【0秒】で【スケール】の数値をクリックして
【0】**3**と入力すると、大きさが0%になって花の
中心の丸が表示されなくなりました。

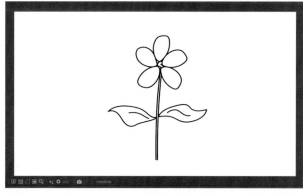

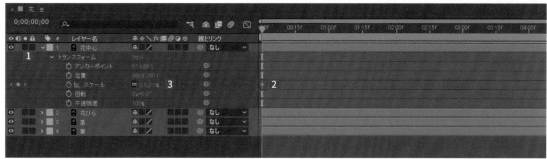

【現在の時間インジケーター】■を【15フレーム】④に移動して、【花中心】の【スケール】の数値をクリックして【120】⑤と入力します。

これで、元より少し大きな120%で表示されました。

【現在の時間インジケーター】■を【1秒】⑥に移動して、【花中心】の【スケール】の数値をクリックして【100】⑦と入力します。これで、元サイズの100%の大きさになります。

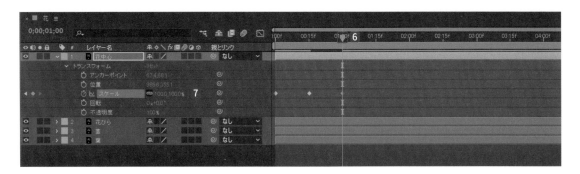

イージーイーズで動きを滑らかにします。

【スケール】8をクリックしてすべてのキーフレームを選択し、F9 キーを押してイージーイーズ9を設定します。

再生して確認すると、【花中心】がポヨンと拡大して出現するようになりました。

同じ動きを【花びら】にも設定します。

【スケール】10をクリックしてすべてのキーフレーム11を選択し、Ctrl / command + C キーでコピーします。

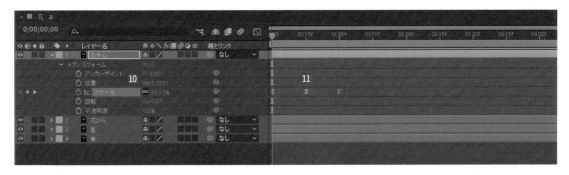

【現在の時間インジケーター】 👆 を【0秒】12に移動して【花びら】レイヤー13をクリックして選択し、Ctrl / command + V キーでコピーしたキーフレームをペーストすると、【花びら】の【スケール】にキーフレーム14が作成されます。

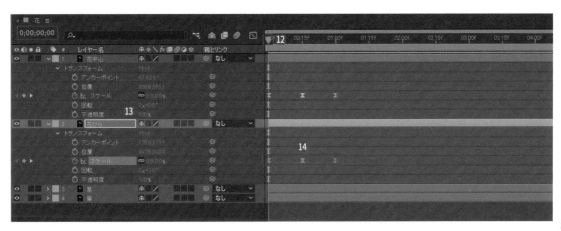

再生して確認すると、【花びら】もボヨンと拡大して出現するようになりました。

【葉】にも同じ動きを設定します。

【現在の時間インジケーター】 を【0秒】15に移動して、【葉】レイヤー16をクリックして選択し、 Ctrl/command ＋

V キーでペーストすると、【葉】の【スケール】にキーフレーム17が作成されます。

再生して確認すると、【葉】もボヨンと拡大して出現するようになりました。

最後に【茎】も【スケール】で伸びてくるアニメーションを作成します。伸びるような表現にするために、茎の根元から【スケール】が大きくなるようにします。そこで使用するのが、【アンカーポイント】です。

初期設定では、【アンカーポイント】はレイヤーの中心に配置されています。

【茎】レイヤー⑱を選択すると、画面上のレイヤーの中心に点◇が表示されます。この点を【茎】の根元に移動します。

【アンカーポイント】ツール⑲を選択します。

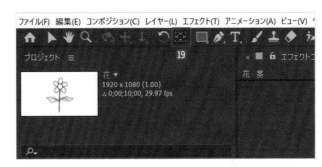

【アンカーポイント】⑳
をドラッグして、【茎】の
根元に移動します。

【茎】にも同じ動きをペーストします。

【現在の時間インジケーター】▮を【0秒】㉑に移動して【茎】レイヤー㉒をクリックして選択し、Ctrl / command + V キーでペーストすると【茎】の【スケール】にキーフレーム㉓が作成されます。

再生して確認すると、【茎】もボヨンと拡大して出現するようになりました。

アニメーションのタイミングをずらして、躍動感を出します。【選択ツール】24 を選択します。

各レイヤーを右にドラッグして、タイミングをずらします25。
茎が伸びて葉が出て花が咲くような、いい感じのタイミングを探します。

このように、【スケール】の変化でアニメーションを作ることができます。

アレンジ例

スケールもコンポジション全体を動かすことで、表現を作ることができます。
例えば、スケールのY軸だけを伸縮させてウキウキしているような動きです。

サンプルデータの【花2】■のタブをクリックで開きます。これは、新規コンポジション【花2】を作成して、【花1】のコンポジションを配置したものです。

【花1】の【トランスフォーム】を開いて、【スケール】の【縦横比を固定】🔗2をクリックして解除すると、縦と横の数値が個別に設定できます。

【アンカーポイント】を茎の根元3に移動して、【スケール】のキーフレームを作成します。【15フレーム】間隔で【Y軸】の数値を【100】・【98】・【100】・【98】と交互に作成すると、花が縦に弾むようになります。

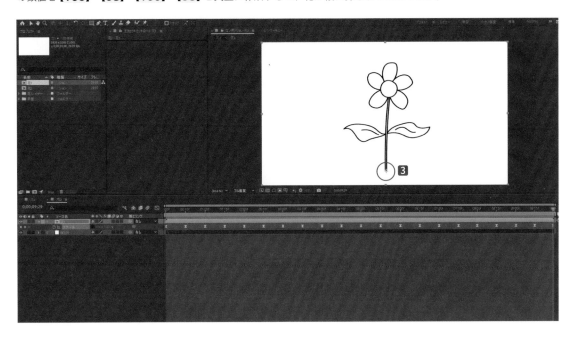

【花1】4を選択して Ctrl/command + D キーを数回押して複製して並べると、お花畑のアニメーションになります。

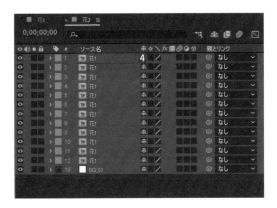

トランスフォーム❸ 　回転

∷【回転】の基本

【回転】は、【回転数】と【角度】の2つの数値で設定します。
プラス（+）方向が右回転、マイナス（−）方向が左回転となります。

　　　回転の角度　　　　　　回転の角度

【0x-70】左に70°傾き　　　【0x0】水平　　　【0x70】右に70°傾き　　　【0x180】180°反転

数値の変更方法

・数値上を左右にドラッグして増減
・数値をクリックして、直接入力
・数値をクリックして、【↑】【↓】キーで増減
・数値をクリックして、【+10】のように計算
　式を入力

【回転】はレイヤーの【アンカーポイント】を中心に行われます。

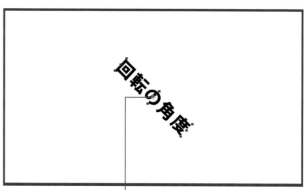

アンカーポイント

アンカーポイント

⁝⁝【回転】のアニメーション

Ae【サンプルデータ2-3-3】

　木の枝に止まる鳥のコンポジションです。この絵に【回転】で動きを付けてみましょう。

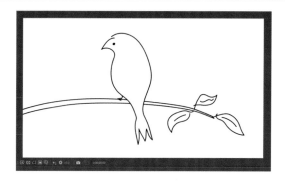

　足を軸に回転で揺れる動きを作ります。
【アンカーポイント】ツール**1**を選択します。

　【鳥】レイヤーをクリックして選択し、【アンカーポイント】を鳥の足元**2**に移動します。

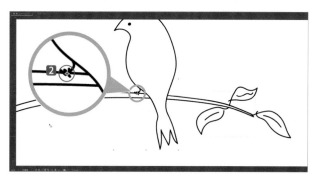

　【回転】で動かします。
　【鳥】の【トランスフォーム】**3**を開いて、
【回転】**4**のキーフレームを設定します。

　【0秒】は角度【0】（元の位置）
　【1秒】は角度【-5】（左に傾ける）
　【2秒】は角度【0】（元の位置）
　　　　　⁝

　1秒間隔で【9秒29フレーム】まで数値を交互に入力してキーフレームを作成します**5**。

イージーイーズで動きを滑らかにします。
【回転】6をクリックしてすべてのキー
フレームを選択し、 F9 キーを押してイー
ジーイーズを設定します7。

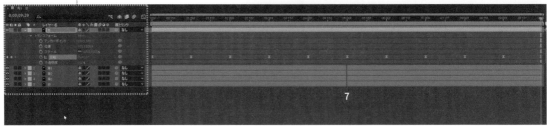

再生して確認すると、【鳥】が揺れるようになりました。これだけでも、絵に命が吹き込まれたように見えます。

◉ Preview

同じ要領で、葉にも動きを付けてみましょう。
葉の動きは、鳥より少し小刻みにすることでメリハリを出します。各操作に迷ったら、【鳥】の操作を確認してください。
例えば【葉1】8は【アンカーポイント】を葉の付け根に移動して、

【回転】9の角度のキーフレームを
【0秒】は角度【0】（元の位置）
【15フレーム】は角度【6】（右に傾ける）
【1秒】は角度【0】（元の位置）
　　　　　　⋮
　15フレーム間隔で【9秒29フレーム】ま
で数値を交互に入力してキーフレームを作
成し、 F9 キーでイージーイーズを設定し
ます10。

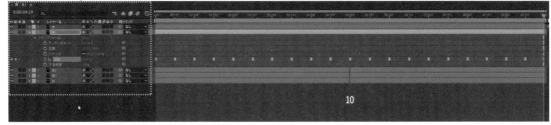

【葉2】**11** も【アンカーポイント】を葉の付け根に移動して、

【回転】**12** の角度のキーフレームを
【0秒】は角度【0】（元の位置）
【15フレーム】は角度【-5】（左に傾ける）
【1秒】は角度【0】（元の位置）
　　　　　⁝

15フレーム間隔で【9秒29フレーム】ま
で数値を交互にキーフレームを作成し、
F9 キーでイージーイーズを設定します**13**。

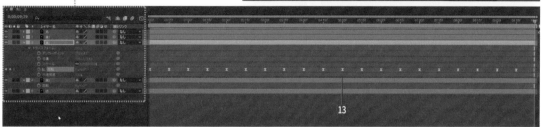

【葉3】**14** も【アンカーポイント】を葉の付け根に移動して、

【回転】**15** の角度のキーフレームを
【0秒】は角度【0】（元の位置）
【15フレーム】は角度【3】（右に傾ける）
【1秒】は角度【0】（元の位置）
　　　　　⁝

15フレーム間隔で【9秒29フレーム】まで
数値を交互に入力してキーフレームを作成し、
F9 キーでイージーイーズを設定します**16**。

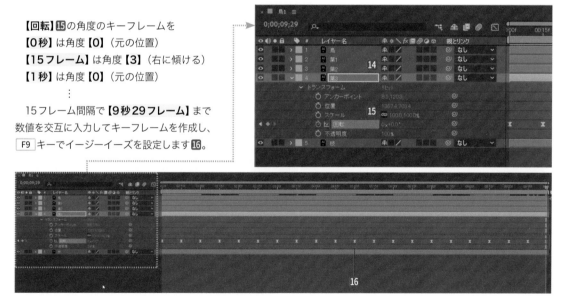

Space キーを押して再生すると、【鳥】と【葉】が揺れることで止まった絵の時間が流れ出しました。
このように、回転でも動きを表現することができます。

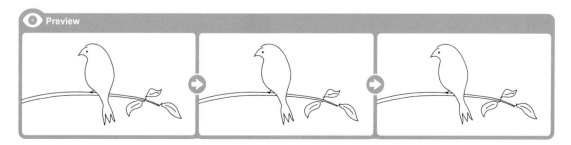

Preview

アレンジ例

【回転】もコンポジション全体を動かすことで表現を作ることができます。

例えば今回のケースでは、枝全体を揺らすことで景色全体も上下に揺れ、さらに臨場感が表現できます。

サンプルデータの【鳥2】タブ**1**をクリックで開いてください。

これは、新規コンポジション【鳥2】を作って【鳥1】のコンポジションを配置したものです。

【鳥1】**2**のアンカーポイントを枝の根元あたり**3**に移動します。

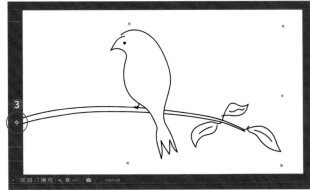

【トランスフォーム】**4**を開いて、【回転】**5**のキーフレームを作成します。

【1秒】間隔で角度の数値を【0】・【1】・【0】・【1】と交互に入力して作成します。

最後に F9 でイージーイーズを設定すると**6**、枝が揺れるようになります。

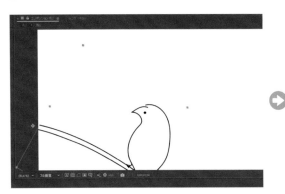

回転で画角が切れる場合は、【コラップストランスフォーム/連続ラスタライズ】**7**をクリックして有効にすると、【鳥1】のコンポジションの外側部分まで【鳥2】も表示させることができます。

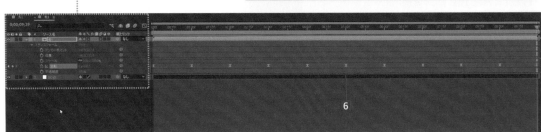

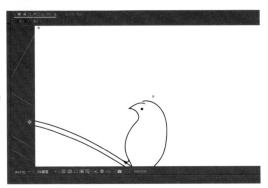

トランスフォーム❹ / **不透明度**

∷【不透明度】の基本

【不透明度】は、【0】～【100】の数値で設定します。

1【0】（非表示）
2【25】（25%の表示）
3【50】（50%で半透明）
4【100】（透過無し）

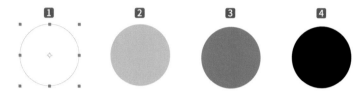

数値の変更方法

・数値上を左右にドラッグして増減

・数値をクリックして、直接入力

・数値をクリックして、↑↓キーで増減

・数値をクリックして、【+10】のように計算
　式を入力

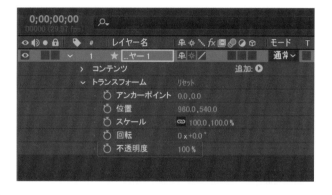

∷【不透明度】のアニメーション

【サンプルデータ 2-3-4】

　山と雲と雷が配置されたコンポジションです。
この絵に【不透明度】で変化を付けてみましょう。

　【雷】を点滅させます。【雷】の【トランスフォーム】**1**を開いて、【不透明度】のキーフレーム**2**を設定します。
例えば、3フレーム間隔で点滅させて、最後は余韻を残します。

【0秒】は【100】（表示）
【3フレーム】は【0】（非表示）
【6フレーム】は【100】（表示）
【9フレーム】は【0】（非表示）
【12フレーム】は【100】（表示）
【1秒12フレーム】は【0】（非表示）

　再生して確認すると、【雷】が2回点滅してゆっくり消えるようになりました。

Preview

これだけでは表現力として弱いので、画面全体の点滅も加えてみましょう。【レイヤー】➡【新規】➡【平面】（ Ctrl / command ＋ Y ）**3**を選択します。

【平面設定】ダイアログボックスの【名前】に【光】**4**と入力し、【カラー】を【白】**5**に設定して【OK】ボタン**6**をクリックします。

作成した【光】レイヤー**7**を一番上に配置します。重ね順は、レイヤーを上下にドラッグして入れ替えます。

この白平面を、2フレーム間隔で点滅させます。

【光】のトランスフォーム**8**を開いて、【不透明度】のキーフレーム**9**を設定します。
【0秒】は【100】（表示）
【2フレーム】は【0】（非表示）
【4フレーム】は【100】（表示）
【6フレーム】は【0】（非表示）

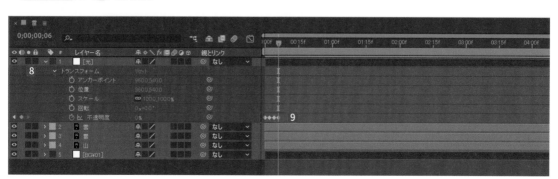

　光がピカピカしてから雷が点滅するように、【光】レイヤーと【雷】レイヤーを右にドラッグしてタイミングをずらします⑩。再生して確認すると、点滅だけで雷の「ピカピカ・ゴロゴロ〜」を表現することができました。

　このように、不透明度をレイヤーごとや画面全体で使い分けることで表現を作ることができます。

アレンジ例

　不透明度を使った表現の説明として雷を作りましたが、これだけでは単純に絵の表現力として弱いですね。雷が鳴っているのなら、もっと嵐や豪雨も表現したいものです。不透明度からは脱線しますが、エフェクトの紹介としてこのサンプルに大雨を降らせてみましょう。

　まずエフェクトを適用するための【調整レイヤー】を作成します。

　【レイヤー】➡【新規】➡【調整レイヤー】（ Ctrl / command ＋ Alt / option ＋ Y ）①を選択します。

　【調整レイヤー】の詳細は、254ページで説明します。

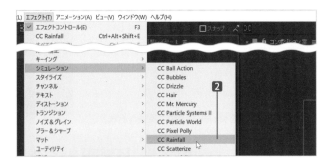

　【調整レイヤー1】をクリックして選択し、【エフェクト】➡【シミュレーション】➡【CC Rainfall】②を選択します。

　この【CC Rainfall】は、CGで線の雨を降らせるエフェクトです。

　【エフェクトコントロール】パネルに【CC Rainfall】の設定が表示されます。

　【Color】をクリックして【黒】③を選択し、【Transfer Mode】から【Composite】④を選択します。

再生して確認すると、どしゃ降りの雨を降らせることができました。

【エフェクトコントロール】パネルで雨の描画具合を調整します。

❶【Drops】で雨量を増減します。
❷【Size】で雨の大きさを調整します。
❸【Speed】で落下速度を上げ下げします。
❹【Wind】で風の強さを調整します。

各数値を調整して、いい感じの雨を作ります。

ピカピカのときに雨も見えないほうがいいので、【調整レイヤー1】を【光】レイヤーの下にドラッグして移動します。
　After Effectsの理解が深まるほど、このように基本的な**トランスフォーム**と**エフェクト**を組み合わせた表現のアイデアが広がります。

4　イージングで速度調整する

設定したキーフレームの動きのイージングをカスタマイズすることで、動きの緩急を細かく作り込むことができます。

:: グラフ編集

キーフレームのイージングによる動きの緩急は、グラフで直感的に編集することができます。イージングのグラフには、【値グラフ】と【速度グラフ】の2種類があります。どちらを使うかは好みになるので、両方試してみてください。最終的には、用途や目的によって使い分けるようになるでしょう。

また、このイージングという作業は一度やり始めると「沼」にはまります。初心者のうちは細部のイージングに時間をかけるよりも、全体を通して作品を完成させることを優先したほうがよいでしょう。全体を作るときは、最初に F9 キーを押して【イージーイーズ】で進めて、ある程度完成した後にブラッシュアップする際、このイージングのカスタマイズを行うのがおすすめです。

グラフを表示する

【タイムライン】パネルの【グラフエディター】**1**をクリックして有効にし、キーフレームを設定している項目**2**をクリックすると、そのキーフレームのグラフが表示されます。

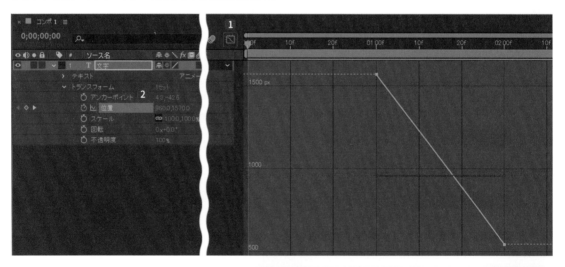

グラフを切り替える

【グラフエディター】の下部にある【グラフの種類】アイコン**1**をクリックして、【値グラフを編集】または【速度グラフを編集】**2**を選択します。

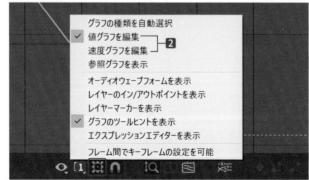

::【値グラフ】の編集

【値グラフ】は数値の変化をグラフ化したものです。そのため、【位置】には【X軸】と【Y軸】の2つのラインが表示されます。個々にイージングするには、最初に【次元に分割】して【X軸】と【Y軸】を別々の項目に分ける必要があります。

【位置】の【値グラフ】の例

【X軸】と【Y軸】の2本のラインが表示されます。ラインの両端にある点がキーフレームです。

キーフレームとキーフレームの補完を結ぶラインをカスタマイズすることで、動き方を調整します。イージングがない状態では、直線で結ばれています。

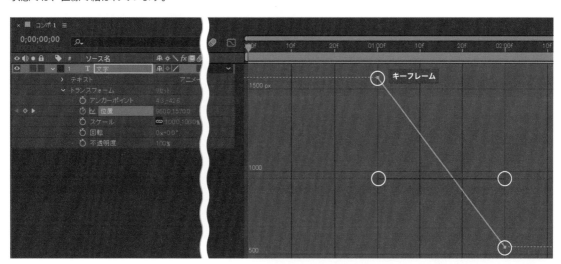

【グラフエディター】の下部にある【次元に分割】アイコン**1**をクリックします。

【トランスフォーム】の【位置】の【X軸】と【Y軸】**2**が別々の項目になります。

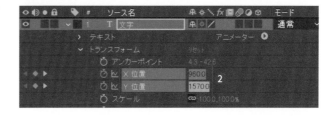

キーフレーム**3**をクリックで選択した状態でアイコンをクリックすると、【キーフレーム】の種類が変更できます。

① 停止
② リニア
③ ベジェ

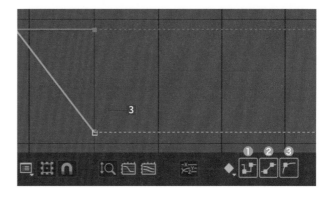

キーフレーム**4**を選択して【ベジェ】アイコン
をクリックすると、【ハンドル】が表示されま
す。

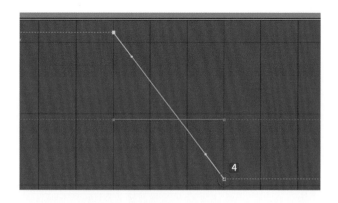

このハンドルをドラッグしてカーブを調整する
と、動きの補完が図のような状態になります。
　グラフは横軸が時間で、縦軸がキーフレームの
数値の変化量です。

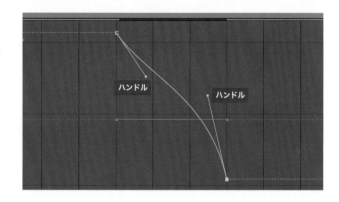

例えば図のように変更すると、グラフが一番急
降下（数値が急激に変化）する中間部分の時間が
最も早く移動するようになります。

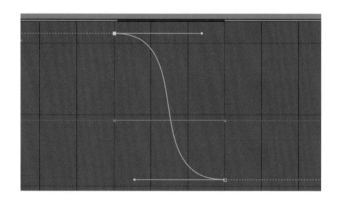

　具体的には「グラフを少し調整しては、再生して確認…」を繰り返して、理想的な動きを作り込んでいきます。
　ベジェ曲線の操作は「習うより慣れろ」の要素が強いので、実際に操作してみてください。ある程度使えるようになる
と、このカーブの描き方で「動きの個性」を表現できるようになります。

【位置】の【速度グラフ】の例

【**速度グラフ**】は、設定したキーフレームの速度変化を設定するグラフです。
こちらは、【**位置**】でも表示されるラインは1本だけで、【**値グラフ**】とは違った見え方のラインになっています。

Chapter
2

【**速度グラフ**】は、横軸が時間で縦軸が速度です。初期設定では動きの速度が一定の状態では、グラフも横一直線となります。

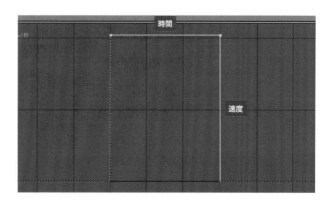

キーフレームを選択すると、【**ハンドル**】が表示されます。

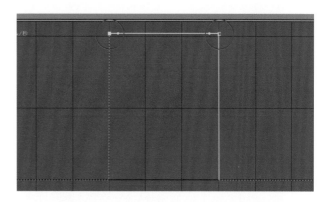

ハンドルをドラッグでカーブを調整します。例えば、開始と終了の点を下にドラッグして速度を【0】にして中間点を上に移動すると、速度【0】の状態から加速して最高速になり、減速して止まるという動きになります。

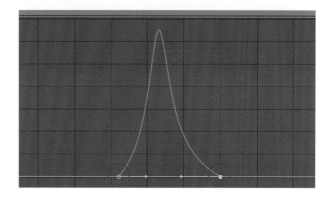

💡 **TIPS** 最初はどちらかだけ使ってみる

【**値グラフ**】と【**速度グラフ**】はアプローチが異なるので、最初から両方を同時に使いこなそうとすると頭が混乱してしまいます。まずは両方を軽く操作してみて、しっくりきたほうだけを使ってみましょう。

アレンジにチャレンジ！

自分でアレンジしてみよう！

　ここまでトランスフォームの基本とイージングについて学んできました。これだけでも動きの組み合わせ方次第で、さまざまなアニメーションを作ることができます。

　さぁ、どの程度トランスフォームをものにできたか腕試ししてみましょう。Section 1-4「1時間でアニメーションを作ってみよう！」（26ページ参照）で手順通りに作った作例を、自分なりにアレンジしてみてください。Chapter 7「オリジナル表現の作り方」も参考にしてみましょう。

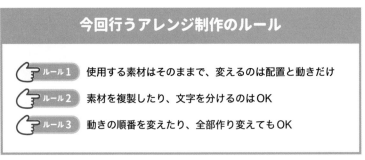

今回行うアレンジ制作のルール

- ルール1　使用する素材はそのままで、変えるのは配置と動きだけ
- ルール2　素材を複製したり、文字を分けるのはOK
- ルール3　動きの順番を変えたり、全部作り変えてもOK

　アレンジの一例として、著者がチャレンジしたサンプルデータをご参照ください。

Ae【サンプルデータ2-3-5】

Chapter

3

ツールを使いこなそう

トランスフォームとキーフレームに続いて、基本的な加工ツールを解説します。ここまで理解できると、かなりの映像表現ができるようになります。Chapter 3ではツールの機能解説と、どのような使い方ができるかをサンプルデータとともに紹介していきます。サンプルデータの構造を分析しながら、自分ならどのように使うかという視点で読み進めてください。

1 マスクで隠す／切り抜く

マスクを使うと素材の一部を隠したり、自由な形で切り抜いたりすることができます。また、マスクの形状をアニメーションさせることで、さまざまな表現を作ることができます。

切り抜き前　　　　　　　　　　　　　　　　　　　切り抜き後

⠿ 図形ツールでマスク作成

図形ツールを使用すると、ベーシックな形状のマスクを作成することができます。
【ツールバー】にある【長方形ツール】を長押しすると、図形の種類を選択できます。

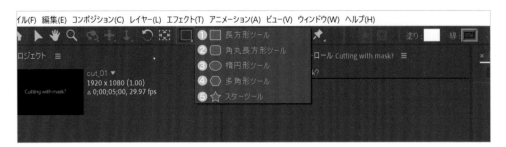

図形ツールの種類

項目		概要
❶	長方形ツール	長方形と正方形の作成に使用します
❷	角丸長方形ツール	角が丸い長方形と正方形の作成に使用します
❸	楕円形ツール	楕円と正円の作成に使用します
❹	多角形ツール	三角形や五角形などの多角形の作成に使用します
❺	スターツール	星型の作成に使用します

図形マスクで文字の出現アニメーション

Ae【サンプルデータ 3-1-1】

　サンプルは、右図のような文字が配置されたコンポジションです。この文字をマスクアニメーションで表示します。

● 使用フォント
Adobe Fonts：Myriad Pro / Condensed

　ここでは一例として、【長方形ツール】で解説を進めます。【長方形ツール】**1**をクリックして選択します。

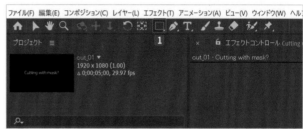

　マスクを適用する【文字】レイヤー**2**をクリックして選択します。

　文字の左側をドラッグして、矩形（長方形）を作成します**3**。
　マスクの初期設定では、マスクの範囲内が表示範囲になるので、マスクの外にある文字が表示されなくなります。

　【文字】のトランスフォームに追加された【マスク】にある【マスク1】**4**を開き、【マスクパス】の【ストップウォッチ】**5**をクリックしてキーフレームを設定します。
　【マスクパス】はマスクの形の設定項目です。

キーフレームでマスクの形を変えて動かします。マスクの編集は【選択ツール】で行います。
【選択ツール】**6**をクリックして選択します。

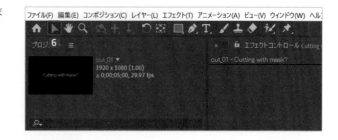

ここでは【現在の時間インジケーター】■を【2秒】**7**に移動して、2秒の動きを作ります。

プレビュー画面でマスク**8**をダブルクリックすると、マスクが変形モードになります。

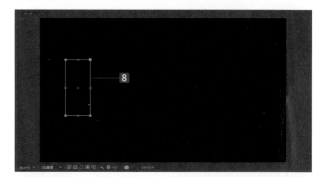

変形枠の右側中央の点**9**を右にドラッグして、すべての文字をマスク内に収めます。

マスクパスに変形を記録したキーフレーム**10**が作成されます。

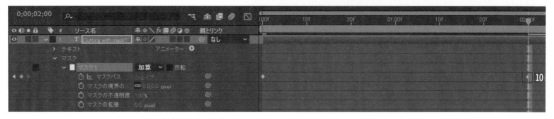

Space キーを押して再生すると、2秒でマスクが右に広がって文字が出現するようになりました。
このように、マスクは素材の一部分を隠したり表示させたりすることができます。

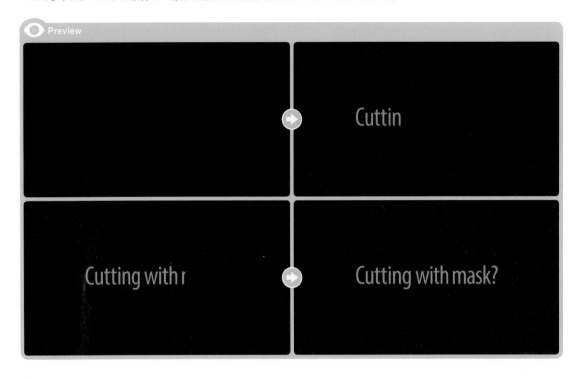

マスクの【描画モード】

【なし】

切り抜きを行いません。マスクをエフェクトやアニメーションの効果ターゲットとする場合に使用します。

【加算】

マスクの形で切り抜きを行います。複数のマスクを組み合わせて使うことができます。

【減算】

マスクの形で穴を開けます。複数のマスクを組み合わせて使うことができます。

【交差】

交差でマスクを重ねた部分だけを表示します。

複数作成したマスクをそれぞれ動かして【描画モード】を組み合わせることで、さまざまな表現を作ることができます。遊び気分で大丈夫です！　いろいろと試してみましょう。

図形ツールの描画方法とカスタマイズ

図形ツールには、便利な描画方法と形状をカスタマイズする操作があります。

ダブルクリックで作成

レイヤーを選択した状態で【図形ツール】をダブルクリックすると、レイヤーサイズでマスクが作成されます。

例えば【楕円形ツール】をダブルクリックすると、図のようにレイヤーサイズの楕円マスクが作成されます。

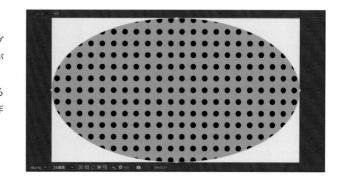

Shift キー＋ドラッグで作成

【長方形ツール】は正方形、【楕円形ツール】は正円を描画できます。

【多角形ツール】と【スターツール】は水平に描画されます。

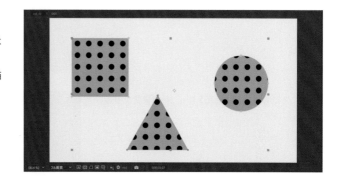

ドラッグ中に ↑ ↓ キー

【角丸長方形ツール】は角丸の大きさを変更します。

【多角形ツール】と【スターツール】は頂点の数を増減できます。

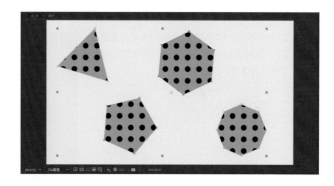

ドラッグ中に ← → キー

【角丸長方形ツール】は角丸の大きさを最小と最大に設定します。

【多角形ツール】と【スターツール】は頂点の丸みを増減できます。

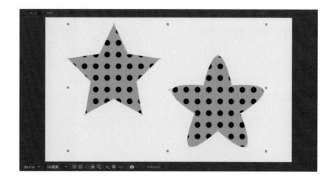

::【ペンツール】で被写体を切り抜く

被写体の形状で画像を切り抜きます。

【サンプルデータ3-1-2】

　造花の写真が配置されたコンポジションです。
　この写真は、100円ショップに売っている造
花をiPhoneで撮影したものです。
　この造花を切り抜いて、花素材を作成します。

　【ペンツール】■をクリックで選択します。

　マスクで切り抜く【造花】レイヤー■をクリッ
クで選択します。

　プレビュー画面の上にマウスカーソルがある状
態で@キーを押すと、プレビュー画面を全画面
表示に変更できます。
※戻すときは、もう一度@キーを押します。

　プレビュー画面の【造花】の輪郭をクリックし
て、最初の点■を打ちます。

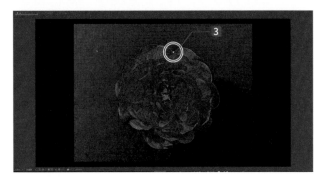

続けて、少し離れた場所に2点目**4**を打つと線が描画されます。このとき、マウスボタンを押したままドラッグすると、【ハンドル】が伸びて曲線を描くことができます。必要に応じて曲線を使いながら、【造花】の輪郭線を描いていきます。

ドラッグせずに点を打つと角になります。

点の打ち方を失敗した場合は、【編集】➡【取り消し】（ Ctrl/command + Z キー）を選択して、操作を1つ前の状態に戻してやり直します。

少し慣れが必要な操作ですが、ゆっくり落ち着いてチャレンジしてみましょう。

この操作を続けて点を増やしながら、【造花】の輪郭線**5**を作成します。

細かい部分は後から調整できるので、一度ざっくりと囲んでいきます。

一周したら、最初の点**6**をクリックして完了です。

マスクで【造花】を切り抜くことができました。

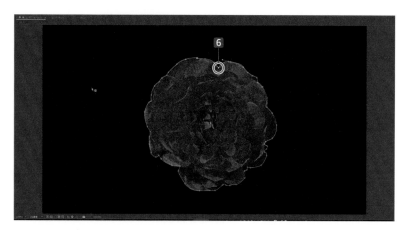

作成したマスクの調整

作成したマスクは後から編集することもできます。

マスクの点を選択すると、点を移動したり、ハ
ンドルの長さと角度が変更できます。
一点ずつ調整して切り抜きを整えます。

POINT

マウスホイールで表示を拡大して、ホイール
を押し込んだままドラッグして表示位置を移
動すると細かく調整できます。

【ペンツール】を長押しして【頂点を追加ツー
ル】１を選択し、マスク線上をクリックすると、
点を増やすことができます。

【ペンツール】を長押しして【頂点を削除ツー
ル】２を選択し、マスク上の点をクリックすると、
点を削除することができます。

【ペンツール】を長押しして【頂点を切り替え
ツール】３を選択し、マスクの点をクリックする
と、ハンドルの有無（曲線と角）を切り替えるこ
とができます。

【ペンツール】を長押しして【マスクの境界のぼかしツール】４を選択し、マスクの線から内外にドラッグすると５、境
界線をぼかすことができます。

※本作例の花の切り抜きでは、ぼかしは使用しません。

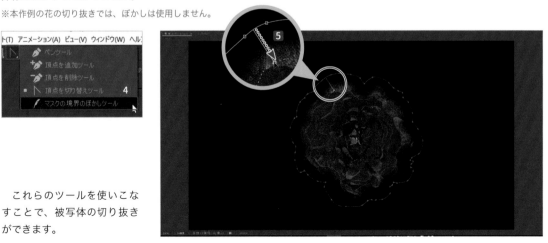

これらのツールを使いこな
すことで、被写体の切り抜き
ができます。

マスクの使い方例 ❶ 素材の切り抜き

写真・動画・グラフィックの一部を切り抜いて、素材として使用します。

Ae【サンプルデータ3-1-3】

Preview

FLOWER

FLOWER

文字の上に花が咲くアニメーションです。前項で切り抜いた【造花】の写真を小さくして、大量に複製してテキストの上に並べています。

■ データ構造

使用素材：iPhoneで撮影した100均造花の写真

背景は頂点を丸めた星型シェイプをスケールで拡大します。切り抜いた花をスケールで小さくして複製します。スケールと角度と色を微妙に変えてランダムに配置しています。

レイヤー数が多いので若干の手間はかかりますが、作り方と構造はとてもシンプルです。

∷ 制作のヒントとその他の使用機能

　背景模様は、星型で頂点を丸めた図形シェイプ
で作成します。

　シェイプツールについては、119ページを参
照してください。

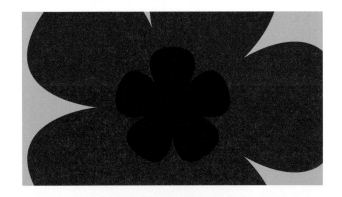

　テキストでベースとなるレイアウトを作成し
て、その文字の上に花を並べて配置します。

　文字ツールについては、138ページを参照し
てください。

　【カラー補正】エフェクトの【色相/彩度】で花
の色相と明るさを変更しています。

　【色相/彩度】については、198ページを参照
してください。

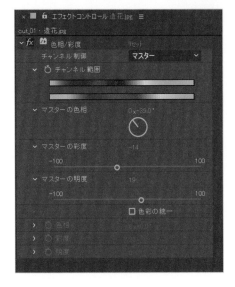

 TIPS レイヤーの複製方法

タイムラインで複製するレイヤーを選択して、【編集】➡【複製】を選択します。ショートカットキーがおすすめです。
複製する数の回数分だけ、 Ctrl / command キーを押しながら D キーを連打しましょう。

マスクの使い方例 ❷　素材のパーツ分け

一塊の素材をパーツ分けします。
例えば文字の場合、筆画ごとにレイヤーを分けて個々に動かすことができます。

Ae【サンプルデータ 3-1-4】

● Preview

文字はそのまま動かすと一塊で動きます。
レイヤーを文字の画数分だけ複製して、筆画ごとにマスキングしています。

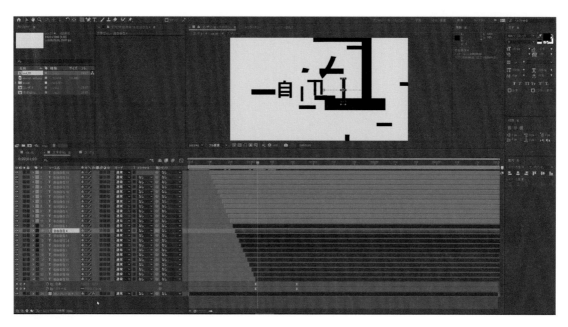

■ データ構造

使用素材：なし

　文字レイヤーを文字の画数分だけ複製して、【長方形ツール】と【ペンツール】を使って丁寧にパーツを分けます。分割したパーツを1つずつランダムに見えるようにトランスフォームで動かします。最後に、レイヤーの開始位置を1フレームずつずらします。非常に地味な作業ですが、技術的には難しい要素はありません。

∷ 制作のヒントとその他の使用機能

最初にテキストでベースとなるレイアウトを作成します。文字ツールについては、138ページを参照してください。

レイヤーの時間をずらす際のショートカット

Ctrl / command ＋ → キーを押すと、【現在の時間インジケーター】 を1フレームずつ移動できます。
レイヤーを選択して [キーを押すと、【イン点】（開始位置）を【現在の時間インジケーター】 の時間に移動できます。

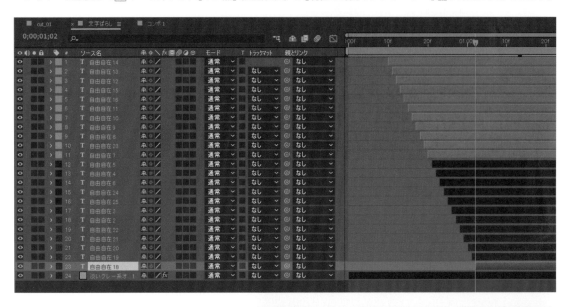

ばらしたテキストアニメーションのコンポジションを新しいコンポジションに入れて、全体を【スケール】で動かして躍動感を上げています。

マスクの使い方例 ❸　トランジション

カット単位でマスキングすることで、さまざまな画面切り替えの演出が作成できます。

Ae【サンプルデータ3-1-5】

Preview

Chapter
3

複数の長方形マスクでカットを少しずつ表示するトランジションです。

■ データ構造

使用素材：AI生成画像

作成した複数のカットを編集用コンポジションに入れて、マスクアニメーションでカットインを作成します。
シンプルなマスクでも複数組み合わせることで、印象的なトランジションを自由に作ることができます。

∷ 制作のヒントとその他の使用機能

　斜めにした長方形マスクを伸びるように設定する際は、先に決め位置（表示後）のキーフレームを設定し、開始位置の時間で動かすマスク2点を選択して、動かさない始点の2点に重ねるように移動すると、直線で伸びるようになります。

　同じ要領で複数のマスクを作成して、自由な形状でトランジションを作ることができます。

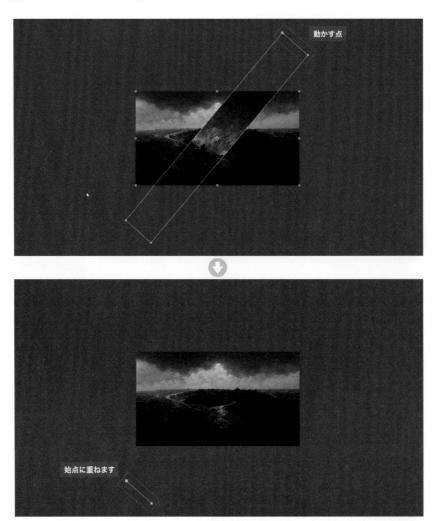

　サンプルデータのテキストは【アニメーター】で【文字単位の3D化を使用】を選択して**1**、【**3D回転**】と【**不透明度**】で出現するアニメーションを設定しています。

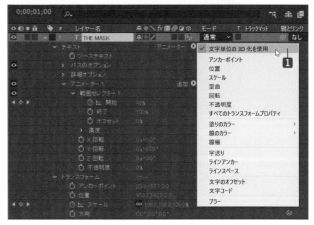

シェイプでグラフィックを作成する

Section 3

2

シェイプを使うと、Illustratorで作成するようなベクター形式のイラストやグラフィック素材をAfter Effectsで作ることができます。手書きで試作してから、シェイプで清書するのもおすすめです。

手書きの絵　　　　　　　　　　　　　　　　　　　シェイプのイラスト

⠿ 【図形ツール】と【ペンツール】

シェイプの作成に使用するのは、マスク作成と同じ【図形ツール】と【ペンツール】です。
ツールの使い方も基本的に同じです。

図形ツールの種類

項目	概要
❶ 🔲 **長方形ツール**	長方形と正方形の作成に使用します
❷ 🔲 **角丸長方形ツール**	角が丸い長方形と正方形の作成に使用します
❸ ⬭ **楕円形ツール**	楕円と正円の作成に使用します
❹ ⬡ **多角形ツール**	三角形や五角形などの多角形の作成に使用します
❺ ☆ **スターツール**	星型の作成に使用します

⠿ シェイプの作り方

　タイムラインでレイヤーを何も選択していない状態で【図形ツール】や【ペンツール】でプレビュー画面に図を描くと、その形状のシェイプレイヤーが作成されます。一例として【長方形ツール】を使用してみましょう。

【長方形ツール】**1**を選択します。
タイムラインの何もない部分をクリックして**2**、レイヤーの選択を解除します。
タイムラインをドラッグして**3**、長方形を作成します。
【整列】パネル**4**で画面中央に配置します。

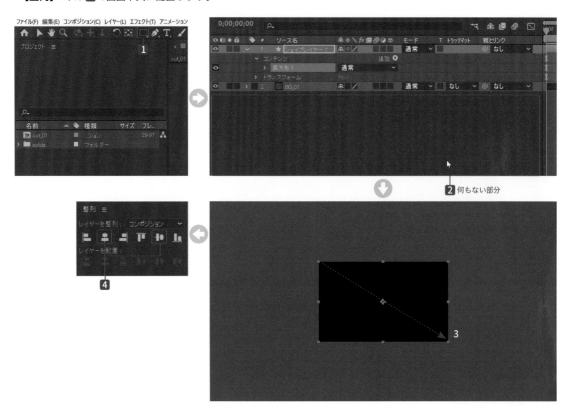

　これで長方形のシェイプが作成できました。このようにレイヤーの選択を解除して作成すると、タイムラインに【シェイプレイヤー1】**5**が作成できます。
　もし、初期設定で長方形に塗りも線も表示されない場合は、次項の【シェイプの塗りと線】を確認してください。

⠿ 図形シェイプのカスタマイズ

　【図形ツール】で作成したシェイプは「**パラメトリックシェイプパス**」と呼び、マスクのように一つ一つの点をドラッグ
で移動させて変形することができません。形状の変更は数値で行います。

　例えば文字を重ねて、長方形のサイズを調整す
るような場合を考えてみましょう。

　【シェイプレイヤー1】の【コンテンツ】➡【長
方形1】➡【長方形パス1】➡【サイズ】**1**の数値
で変更します。

　【現在の縦横比の固定】🔗**2**のチェックを外し、
【X軸】と【Y軸】の数値を増減して**3**、サイズを
変更します。
　【角丸の半径】**4**の数値を上げると、長方形の
角を丸めることができます。

 TIPS) **プレビュー画面で変形させない**

シェイプレイヤーをプレビュー画面でドラッグし
て変形させると、シェイプの【スケール】の縦横比
が変わり、縦横の線の太さのバランスが崩れるの
で、注意が必要です。

⠿ シェイプの塗りと線

作成したシェイプレイヤーを選択すると、ツールバーに【塗り】1と【線】2の項目が表示されます。ここでシェイプの塗りと線の有無やカラーを設定します。

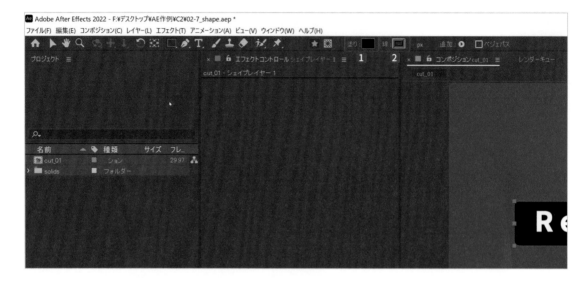

【塗り】の設定

シェイプの塗りは、【塗りオプション】ダイアログボックスで塗りの有無、【塗りのカラー】で色を選択します。

【塗り】1をクリックすると、【塗りオプション】ダイアログボックス2が表示されます。

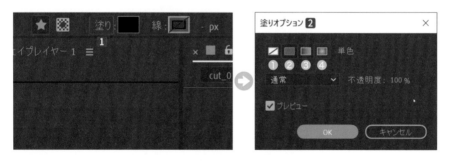

項目	概要
❶ ▱ なし	選択すると塗りが無くなる
❷ ▪ 単色	選択すると単色の塗りが有効になる
❸ ▪ 線形グラデーション	選択するとグラデーションの塗りが有効になる
❹ ▪ 円形グラデーション	選択すると円形のグラデーションの塗りが有効になる

【塗りのカラー】3をクリックすると【シェイプの塗りカラー】ダイアログボックス4が表示されるので、塗りの色を設定します。

【線】の設定

シェイプの線は【線オプション】ダイアログボックスで線の有無、【線のカラー】で色を選択します。
また【線幅】で線の太さを設定します。

【線】1をクリックすると、【線オプション】ダイアログボックス2が表示されます。

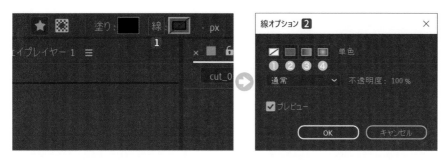

項目	概要
❶ なし	選択すると線が無くなる
❷ 単色	選択すると単色の線が有効になる
❸ 線形グラデーション	選択するとグラデーションの線が有効になる
❹ 円形グラデーション	選択すると円形のグラデーションの線が有効になる

【線のカラー】 **3** をクリックすると、【シェイプの線カラー】ダイアログボックス **4** が表示されます。

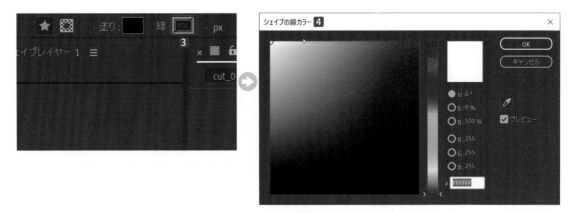

【線幅】 **5** の数値を増減して、線の太さを設定します。

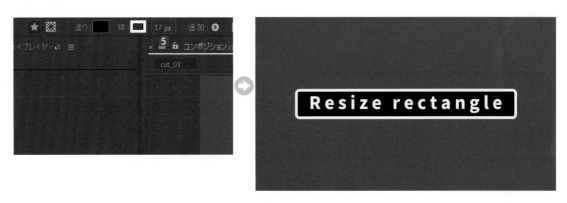

【塗り】を【なし】 **6** に設定して、【線】を【単色】 **7** に設定すると枠線のみになります。

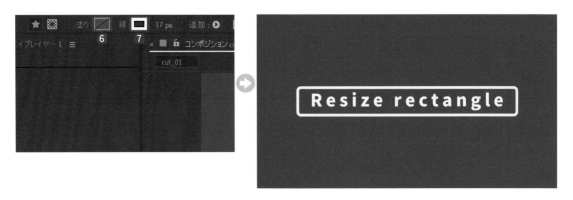

∷ その他の図形ツール

基本的な図形の作成とカスタマイズの操作方法
は、マスクと同じです。

Shift キー＋ドラッグで作成

【**長方形ツール**】は正方形、【**楕円形ツール**】は
正円を作成できます。
　【**多角形ツール**】と【**スターツール**】は水平に描
画できます。

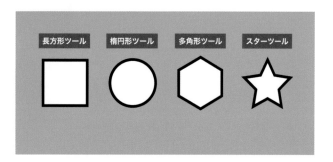

ドラッグ中に ↑ ↓ キー

【**角丸長方形ツール**】は角丸の大きさを変更で
きます。
　【**多角形ツール**】と【**スターツール**】は頂点の数
を増減できます。

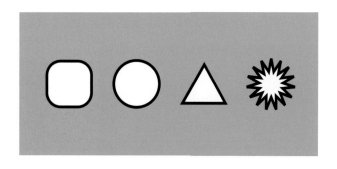

ドラッグ中に ← → キー

【**角丸長方形ツール**】は角丸の大きさを最小と
最大に設定します。
　【**多角形ツール**】と【**スターツール**】は頂点の丸
みを増減できます。

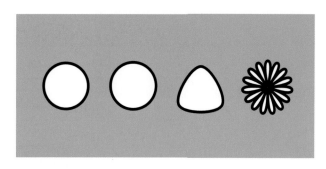

　シェイプレイヤーの【**コンテンツ**】の設定で後
から形状を変更することもできます。

【ペンツール】を使う

　【ペンツール】を使うとマスクと同じように自由な形状を作成することができます。ツールの操作方法は、マスクと同じです（110ページを参照）。

　レイヤーを選択して作成すると**マスク**に、レイヤーを選択しないで作成すると**シェイプ**になります。

　Illustratorと同じように、After Effectsでグラフィックが作成できます。

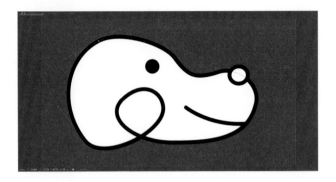

線のカスタマイズ

　シェイプレイヤーの【コンテンツ】にある【線】の設定で、さまざまな効果が作成できます。

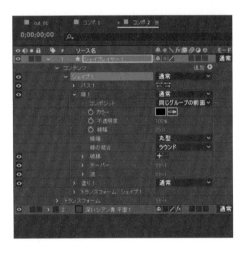

【線端】を【丸型】にすると、先が丸まる

【破線】を【+】で設定すると、破線になる

【テーパー】で先細りに

【波】で波状に

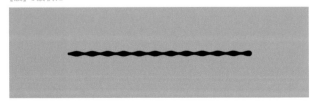

Chapter
3

:: 線の伸縮

【パスのトリミング】を使って、線の長さを変更することができます。

Ae【サンプルデータ3-2-1】

シェイプレイヤーの【コンテンツ】の【追加】▶
❶から【パスのトリミング】❷を選択します。

追加された【パスのトリミング1】の【開始点】
❸と【終了点】❹の数値を増減して、線を削ることができます。
【オフセット】❺で【開始点】の位置を移動できます。

例えば、【終了位置】にキーフレームを設定して、【0】～【100】で変更すると、線が伸びて出現するアニメーションになります。

⁞⁞ 複数のシェイプを組み合わせる

複雑な形状のグラフィックは、パーツごとに作成したシェイプを組み合わせて作ります。
ここでは一例として、「吹き出し」でその構造を見てみましょう。

Ae【サンプルデータ 3-2-2】

　1つのシェイプレイヤーに【楕円形ツール】で5つの楕円を重ねて作成します。
　雲を描くようなイメージです。

　吹き出し口は、【ペンツール】で歪んだ三角形を描いて作成します。

この状態でシェイプの【線】を有効に
すると、このように個々に線が描かれ
ます。

すべてのパスを合体させます。【コン
テンツ】の【追加】▶**1**から【パスを結
合】**2**を選択します。

これで、一塊の図形となります。

追加された【パスを結合1】**3**より上
にあるシェイプが合体されるので、上
下にドラッグして順番を入れ替えるこ
とで、合体範囲を制限することもでき
ます。

シェイプの使い方例 ❶ ／ モーショングラフィックス

イラストを動かしてアニメーションを作成します。

Ae【サンプルデータ 3-2-3】

Section 2-3 で作成した手書きのビデオコンテからシェイプのイラストで作り直したものです。

手書きの絵

シェイプのイラスト

パーツごとにシェイプを作成し、組み合わせてイラストを作成しています。

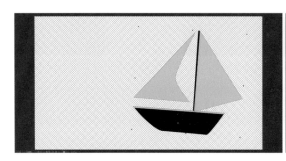

イラストはレイヤーごとに作成し、組み合わせて配置してアニメーションを設定します。アニメーション作成の手順は、手書きのときと同じです。

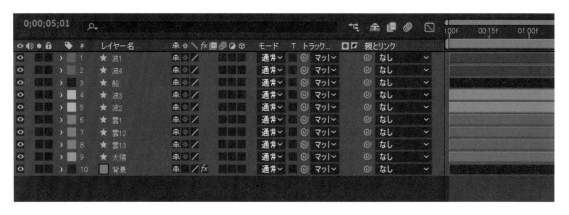

シェイプの使い方例 ❷ ／ グラフィックを実写と合成

シェイプで作成したアニメーションを実写動画に重ねて合成します。

Ae【サンプルデータ 3-2-4】

　実写で撮影された本をタップすると、動画が出現して再生する演出です。

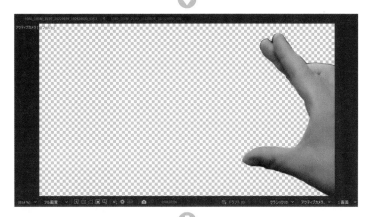

　指の動きは、撮影した動画を複製して、ロトブラシで手だけを切り抜いて上に重ねています。

　ロトブラシの使い方は、230ページを参照してください。

　また、カメラトラッカーでカメラの揺れに合わせて合成しています。

　カメラトラッカーの使い方は、304ページを参照してください。

前書の紹介

動画内で使用している書籍は、拙著「プロが教える！ After Effects モーショングラフィックス入門講座」でモーショングラフィックス制作に特化した一冊です。

シェイプの使い方例❸　トランジションシェイプ

シェイプアニメーションが出現して画面を埋め尽くし、出現して消えるのをきっかけにカットを切り替えます。

Ae【サンプルデータ3-2-5】

シェイプのアニメーションでカットが切り替わります。

1つのシェイプレイヤーの中に花が大きくなって出現するアニメーションを作成して、複製します。

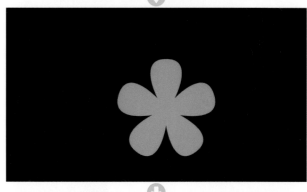

複製して花が大きくなるタイミングをずらして【パスを結合】を【型抜き】にすると、複製した花で元の花を消すアニメーションになります。

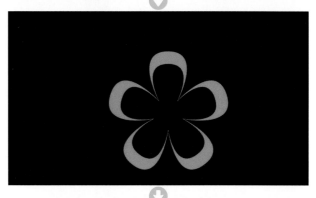

それを無数のレイヤーに複製して、大きさと色を変えて配置して画面を埋め尽くします。
埋め尽くされたタイミングでカットを切り替えます。

Section 3

3

親子とヌルで動きを連動させる

「親子」は、動きを連動させる組み合わせのことです。「ヌル」は、そこにあるけど見えないオブジェクトのことです。
この2つを組み合わせることで、動きの幅が大きく広がります。

⠿ レイヤーの「親子」関係

別々のレイヤーを「親子」関係に設定すると、
親レイヤーを動かすだけで子レイヤーが追尾して
動くようになります。

例えば「**レモン上**」「**レモン下**」「**文字**」の3つ
のレイヤーがあり、「**レモン上**」と「**レモン下**」の
親を「**文字**」レイヤーに設定すると、「**文字**」を移
動させるだけで全体が動くようになります。

また、この場合の「**レモン上**」と「**レモン下**」に
は、同時にそれぞれ別の動きを設定することもで
きます。

親子の設定方法

親子の設定は、子となるレイヤーに親レイヤーを指定するだけです。子レイヤーの【**親とリンク**】から親レイヤーを選
択します。タブ**1**からレイヤー名を選択**2**するか、ピックウイップ**3**をドラッグして親レイヤー**4**に繋いで設定します。
また、1つの親レイヤーには複数の子レイヤーを設定できます。

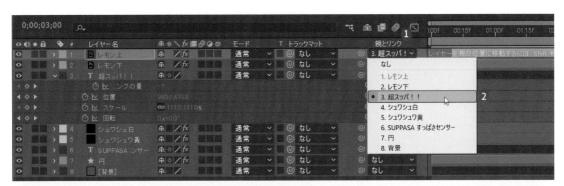

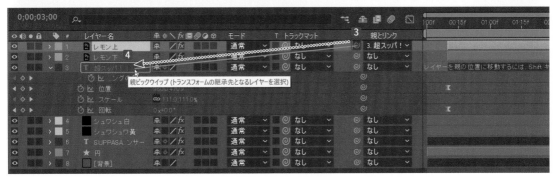

:: 親子の使い方例

前ページのテキストを親にしてレモンを動かす作例です。

Ae【サンプルデータ3-3-1】

　再生して確認すると、レモンが画面中央にあり、「超スッパ！！」の文字が回転しながら画面に入ってきて、最後に出ていくアニメーションが確認できます。

【超スッパ！！】が出現して、水平のタイミングとなる【2秒16フレーム】に【現在の時間インジケーター】■を移動します■。

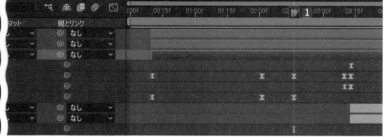

【レモン上】と【レモン下】の親を【超スッパ！！】に設定します❷。

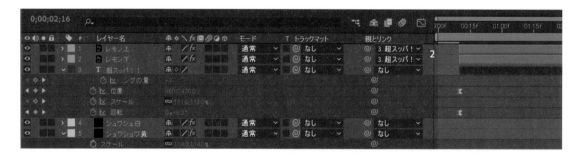

　これで、文字の動きに合わせてレモンが動くようになりました。レモン自身は位置で上下に動かすことで、開く動きになっています。

:: ヌルオブジェクトとは

　Null（ヌル）は**「何もない」**という意味で、プログラミングなどでは「何も示さないもの」を表すのに使われています。After Effectsでは、レイヤーとしては存在するけれど何も表示されないオブジェクトとして動作します。

　ヌルを作成すると、タイムラインにはヌルレイヤーとしてトランスフォームなどの要素を持った状態で存在しますが、動画には何も描画されずに、プレビュー画面にヌルの場所を示す四角い枠だけが表示されます。

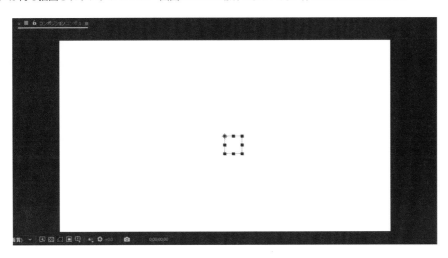

ヌルの作成方法

【レイヤー】➡【新規】➡【ヌルオブジェクト】**1**（ Ctrl / command ＋ Alt / option ＋ Shift ＋ Y キー）を選択します。

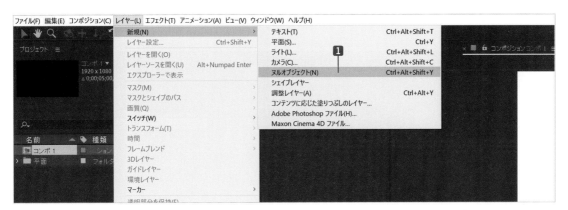

　タイムラインに【**ヌル1**】レイヤー**2**が作成されます。

　【**トランスフォーム**】は、その他のレイヤーと同じように使うことができます。

ヌルの使い方例　観覧車アニメーション

円形に配置したレモンを観覧車のように回転させます。

Ae【サンプルデータ 3-3-2】

再生して確認すると、レモンの観覧車レイアウトが確認できます。

【レイヤー】➡【新規】➡【ヌルオブジェクト】**1** を選択して、ヌルを作成します。作成した【ヌル 1】は、初期設定で画面中央に配置されます。

【レモン1】～【レモン8】**2** を選択して、【ヌル 1】を親に設定します**3**。

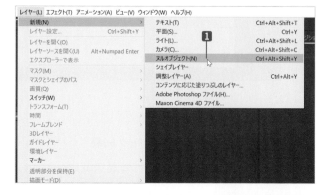

【ヌル1】を【回転】で動かすと、子が連動して回転します。【ヌル1】に【回転】のキーフレームを設定します。

● 開始キーフレーム**4**：【15フレーム】に回転【0 x 0】
● 終了キーフレーム**5**：【9秒29フレーム】に回転【2 x 0】

これで、画面中央にある【ヌル1】を支点にレモンが円形に回転するようになりました。この状態では、個々のレモンの水平軸は傾いています。

そこで、個々のレモンに【ヌル1】と逆回転の動きを設定して水平を保ちます。【レモン1】〜【レモン8】を選択して R キーを押して【回転】を表示し 6、キーフレームを設定します。

- 開始キーフレーム 7：【15フレーム】に回転【0 x 0】
- 終了キーフレーム 8：【9秒29フレーム】に回転【-2 x 0】

これで観覧車アニメーションの完成です。
このようにヌルを使うと、複数のレイヤーの動きを一括で制御することができます。

Section 3

文字ツールの使い方

文字ツールの各機能を理解して、文字組みを作成しましょう。

∷ 文字の横書きと縦書き

文字ツールには、【横書き文字ツール】と【縦書き文字ツール】の2種類があります。
【ツール】パネルにある文字ツールのボタン【T】【1】を長押しして選択します。

【横書き文字ツール】で文字を入力すると、
横組みの【テキスト】レイヤーになります。

【縦書き文字ツール】で文字を入力すると、
縦組みの【テキスト】レイヤーになります。

:: 文字の設定

作成したテキストは、【文字】パネルと【段落】パネルで設定を変更します。
ここでは、必ず理解しておいたほうがよい設定項目に絞って解説します。

【文字】パネルの必須項目

項目	概要
❶ フォントメニュー	フォントファミリーを選択します
❷ フォントスタイル	太さなどのスタイルを選択します
❸ フォントサイズ	フォントの大きさを設定します
❹ 塗りのカラー	文字のカラーを設定します
❺ 線のカラー	文字の縁取りのカラーを設定します
❻ 行送り	行と行の間隔（行間）を設定します
❼ カーニング	文字と文字の間隔（字間）を設定します
❽ トラッキング	【テキスト】レイヤー全体の文字の間隔を設定します
❾ 線幅	文字の縁取りの太さを設定します
❿ 塗りと線	塗りと線の重なりの優先度を設定します

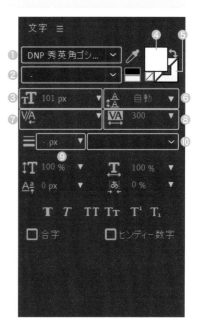

【段落】パネルの必須項目

項目	概要
❶ テキストの左揃え	テキストを左揃えに設定します
❷ テキストの中央揃え	テキストを中央に設定します
❸ テキストの右揃え	テキストを右揃えに設定します

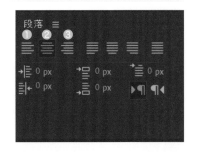

テキスト作成のコツ❶　字間

作成したテキストは、文字と文字の間隔（字間）が均等に見えるように調整します。

図はテキストを入力しただけの状態です。フォントと文字の組み合わせによっては、字間がバラバラに見えます。

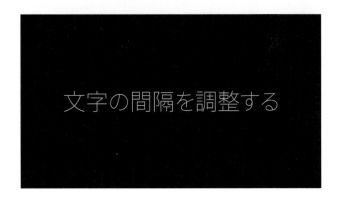

調整する字間の部分にカーソルを挿入して、【カーニング】の数値を増減して調整します。
ショートカットキーの Alt / option ＋ ← で字間を狭め、 Alt / option ＋ → キーで広げる方法が手早くおすすめです。

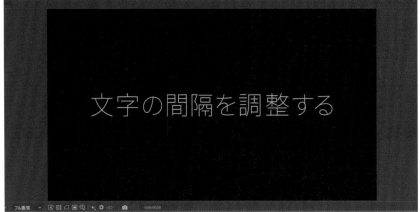

テキスト作成のコツ❷　書式の変化

入力したテキストは選択範囲ごとに、フォントやカラー、サイズなどの書式設定を変更できます。
例えば、2行で入力したテキストの1行目だけをドラッグして選択します❶。

この状態で【フォントサイズ】を大きくすると❷、選択している1行目だけが大きくなります❸。

同じように2行目を選択して、【フォントサイズ】を小さくします❹❺。

【行間】を調整してバランスを整え**6**、【フォント】、【フォントサイズ】、【行間】を変更します**7**。
このようなシンプルな文字組みは、1つのレイヤーで完結することができます。

テキスト作成のコツ❸ グラデーション

Ae 【サンプルデータ3-4-1】

塗りのグラデーションは、【レイヤースタイル】の【グラデーションオーバーレイ】を使って作ることができます。
【テキスト】レイヤー**1**を【右クリック】➡【レイヤースタイル】➡【グラデーションオーバーレイ】**2**を選択します。

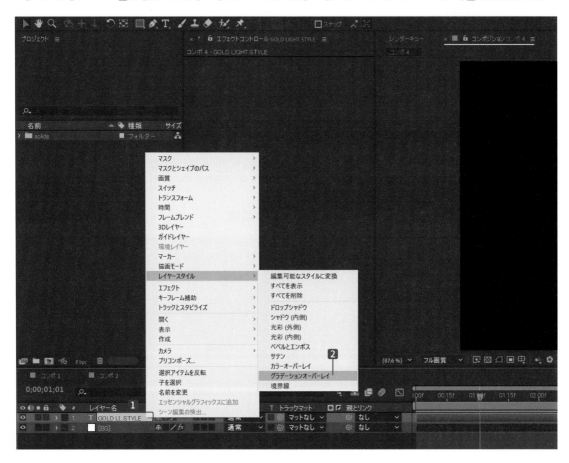

【テキスト】レイヤーに【グラデーションオーバーレイ】が追加されるので、【グラデーションオーバーレイ】タブ**3**を開き、【カラー】の【グラデーションを編集】**4**をクリックします。

【グラデーションエディター】ダイアログボックスの【カラー分岐】**5****6**をクリックして、色を設定します。

　初期設定では、2色のカラー分岐が両端にあり、2色のグラデーションになっています。

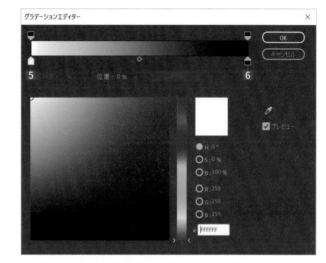

　スライダー間**7**でクリックすると、【カラー分岐】を増やすこともできます。

　【カラー分岐】は下にドラッグすると、削除して減らすことができます。

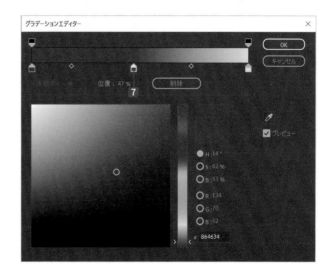

それぞれの【カラー分岐】をクリックして色を
設定します。スライダーを左右にドラッグして、
グラデーションのバランスを調整します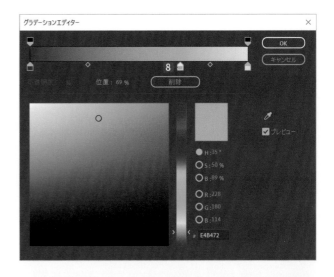8。

【角度】9と【スタイル】10の組み合わせを変更
することで、グラデーションの形を変えることが
できます。

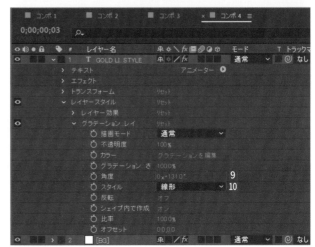

例えば、図のようなグラデーションテキストを作成することができます。

テキスト作成のコツ❹　縁取り

Ae【サンプルデータ 3-4-2】

二重縁取りは【レイヤースタイル】の【境界線】を使って作成できます。

1つ目の縁取りは、【テキスト】レイヤーの【線】で設定します。2つ目の縁取りは、【テキスト】レイヤーを【右クリック】
➡【レイヤースタイル】➡【境界線】**1**を選択します。

【テキスト】レイヤーに【境界線】が追
加されるので、【境界線】タブ**2**を開き、
【カラー】**3**をクリックして色を設定しま
す**4**。

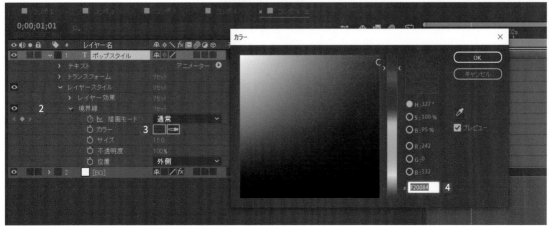

【サイズ】**5**の数値を増減して、縁取りの太さを調整します。

【文字】パネルの【線】の太さと組み合わせてバランスを調整します。

縁取りのエッジの調整

テキストの線の作成した縁取りの角の形状は、【線の結合】から変更できます。

【テキスト】レイヤーを選択して、【文字】パネルの**≡**アイコン**1**をクリックして【線の結合】の中にある3種類**2**から選択します。

■【マイター】

元の形状のまま縁取りを作成します。

■【ラウンド】

元の形状の角に角丸の処理をして縁取りを作成します。

■【ベベル】

元の形状の角に面取り処理をして縁取りを作成します。

テキスト作成のコツ ❺　パスに沿わせる

Ae 【サンプルデータ 3-4-3】

　テキストをマスクパスに沿わせてカーブさせます。最初にテキストを作成します**❶**。

【テキスト】レイヤーにマスクを描画します。ここでは一例として、**【楕円形ツール】❷**で正円を作成します**❸**。

【テキスト】レイヤーの【パスのオプション】タブ❹を開き、【パス】で作成した【マスク1】❺を選択します。

これで、マスクパスに沿った文字が作成できました。

Section 3 5 トラックマットで型抜き

トラックマットを使うとレイヤーの形状で別のレイヤーの型抜きができます。

文字で画像を型抜き

　例えば、【動画】レイヤーを【文字】レイヤーで【トラックマット】の【アルファマット】に設定すると、文字の形状で動画が表示されるようになります。

素材

【文字】レイヤー

【動画】レイヤー

平面背景

アルファマット

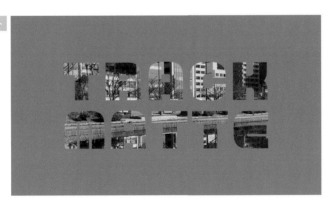

　また、【トラックマット】の【アルファマット】を【反転】に設定すると、文字の部分を動画から切り抜くようになります。

アルファマット
を反転

:: トラックマットの設定手順

【サンプルデータ3-5-1】

型抜きする【動画】レイヤー1を下に、型となる【文字】レイヤー2を上に配置しています。

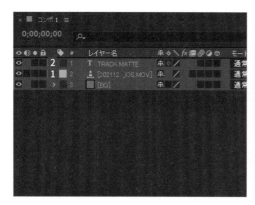 

【動画】レイヤーの【トラックマット】をクリックし、【文字】レイヤーを選択します3。

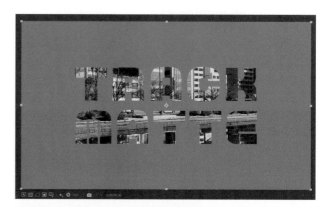

右側の ● 4 をクリックしてモードを切り替えます。ここでは【アルファマット】に設定します。

これで、型抜きができました。2つ目のボタンで型抜き範囲の【反転】 ● 5 のオン／オフを切り替えます。

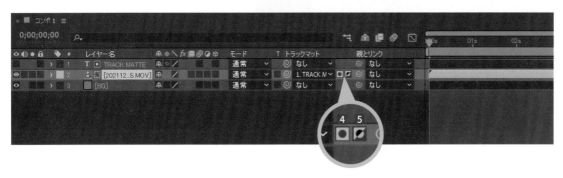

【トラックマット】の種類

項目	概要
なし	トラックマットを使用しません
アルファマット	レイヤー形状で型抜きを行います
アルファマット／反転有効	レイヤー形状で穴を空けます
ルミナンスマット	レイヤー形状の輝度（明るさ）で型抜きを行います
ルミナンスマット／反転有効	レイヤー形状の輝度（明るさ）で穴を空けます

トラックマットの使い方例 ❶ ／ レイヤーを隠す

例えば、平面を使って文字レイヤーを隠して出現アニメーションを作成できます。

Ae【サンプルデータ 3-5-2】

再生すると枠線が伸びて出現し、タイトル文字が線から上に上ってくるアニメーションが確認できます。

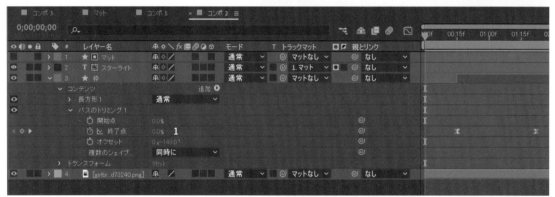

枠線は長方形シェイプに【パスのトリミング 1】の【終了点】❶でアニメーションを作成します。

【文字】レイヤーは、【位置】で枠線の下から上ってくるように設定します❷。

【枠】レイヤーを複製して、【塗り】を有効にします。

【文字】レイヤーの上に【マット】レイヤーとして配置し、【文字】レイヤーの【トラックマット】で【アルファマット】に設定します。

これで、【マット】レイヤーと重なったときだけ、【文字】レイヤーが表示されるようになります。

トラックマットの使い方例 ❷ ／ 輝度でトランジション

【ルミナンスキーマット】で白黒レイヤーでトランジションを作成します。

Ae 【サンプルデータ3-5-3】

　再生すると、画面を拭き取るように次のカットが表示されるトランジションが確認できます。

　【マット】❶のコンポジションを作って、画面が真っ黒から真っ白になるアニメーションを作成します。ここでは、【ペンツール】でざっくりと波線を描いて、【パスのトリミング】で画面が真っ白になるようにしたものです❷。

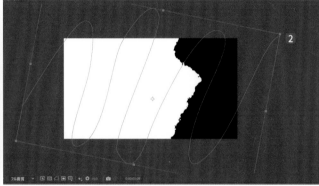

　【編集】のコンポジションで【カット2】の上に【マット】❸を配置して、【カット2】の【トラックマット】を【ルミナンスキーマット】❹に設定します。

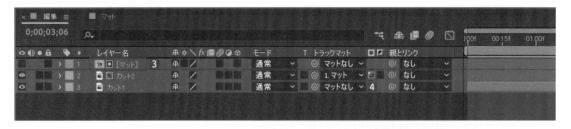

　このように、黒から白になるアニメーションならば、どんな動きでもトランジションとして使うことができます。

6　テクスチャで質感を合成する

テクスチャを使うと、レイヤーの形状に対して質感を重ねることができます。

∷ テクスチャの合成

金属の写真をテクスチャとして、文字に合成してみましょう。金属の表面を撮影した写真とテキストを準備します。

【テクスチャ】を有効にすると、テキストに写真が重なることで表面の質感となります。
どんなものでも写真を撮るだけで、その質感を文字やシェイプに適用することができます。

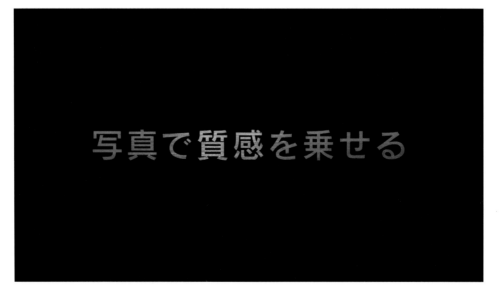

表現の仕上がりとして型抜きを行う【トラックマット】と同じですが、合成の方法が異なるので、各々の作り方や好み
で使い分けることになります。

∷ テクスチャの合成手順

　テクスチャの合成は、テクスチャレイヤーの下にあるすべてのレイヤーに影響があるので、背景がない合成専用のコンポジションを作成します。背景との合成は、別の合成用コンポジションで行ってください。

Ae 【サンプルデータ3-6-1】

　【**テクスチャ**】コンポジションに【**テクスチャ**】となる画像レイヤーとその下に【**文字**】レイヤー**1**を配置しています。

　【**テクスチャ**】レイヤーの【**下の透明部分を保持**】にある【**T**】■**2**をクリックして有効にします。

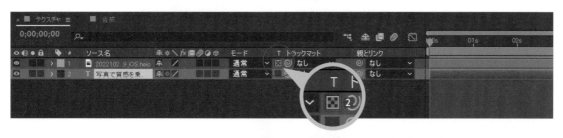

　これで、【**文字**】の範囲だけに【**テクスチャ**】を乗せることができました。

　背景や他のレイヤーとの合成は、【**合成**】用のコンポジションで行います。

7 パペットツールで変形アニメーション

パペットツールを使うと、レイヤーの形状をポイントごとに変形させて動きを作ることができます。

パペットアニメーション

レイヤーにパペットピン **1** を追加してピン **2** の位置を動かすと、それに合わせてレイヤーが変形します。

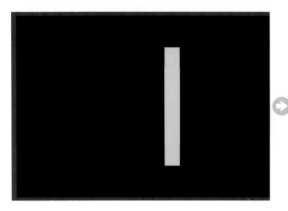

ピンを【選択ツール】でドラッグして移動すると、下図のようにレイヤーが変形します。このピンの位置にキーフレームを設定することで、アニメーションを作ります。

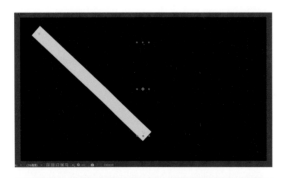

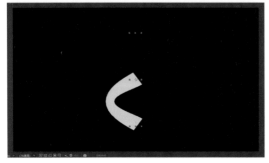
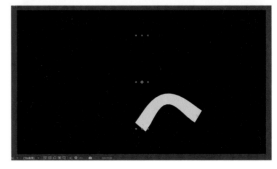

⠿ パペットアニメーションの作成手順

Ae【サンプルデータ 3-7-1】

【完成】コンポジションを再生すると、静止画の花が揺れているのが確認できます。
　この揺れをパペットで作っています。

【練習】コンポジション **1** をクリックして開きます。

【パペット位置ピンツール】**2** を選択します。

パペットを適用する【花】レイヤー **3** をクリックして選択します。

　プレビュー画面をクリックしてピンを打ちます4。ここでは、動きの軸となる根本と揺らす花の中心をクリックして
ピンを設定します。根本は固定するためのピンで、花は動かすためのピンとなります。

　ピンを打つと、【花】レイヤーに【エフェクト】の【パペット】5が追加されます。

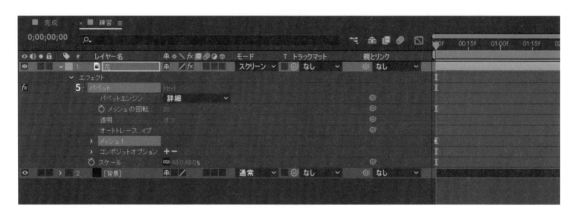

　U キーを押して、キーフレームがある項目だけを表示します。
【パペットピン1】と【パペットピン2】にはキーフレーム6が設定されていて、現在の形状が記録されています。

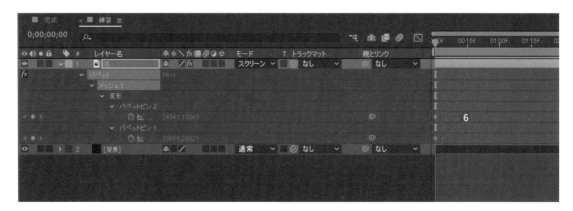

それでは、時間を進めてピンの位置を動かしてみましょう。【選択ツール】7をクリックします。

例えば、【現在の時間インジケーター】を【2秒】8に移動します。

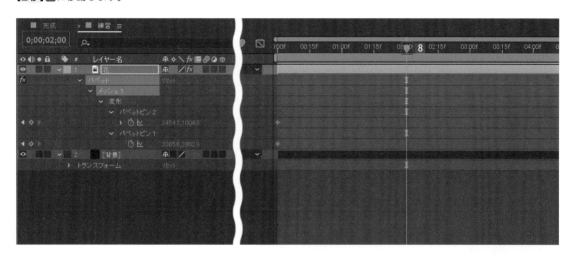

プレビュー画面上の【パペットピン2】を少し右にドラッグして移動します9。

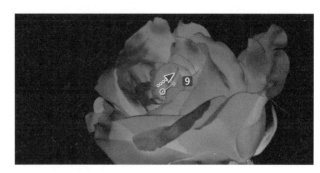

タイムラインの【パペットピン2】にキーフレーム10が追加され、変形した形状が記録されました。

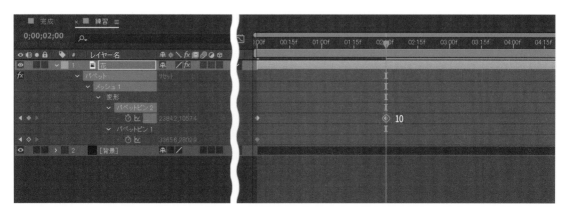

159

再生すると、【花】が右に揺れる動きになっています。このように、パペットピンの変形で動きを作成できます。

【0秒】にある最初のキーフレームをコピーします。1つ目のキーフレーム**11**を選択して、【編集】➡【コピー】（ Ctrl/command ＋ C キー）を選択します。

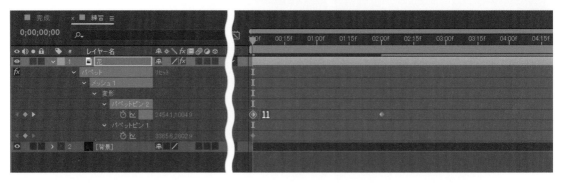

【現在の時間インジケーター】を【4秒】**12**に移動して、【編集】➡【ペースト】（ Ctrl/command ＋ V キー）を選択してペースト**13**します。

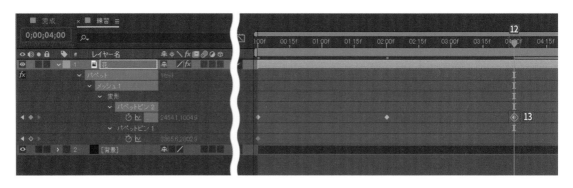

【花】が右に揺れて元の位置に戻る、一往復のアニメーションの完成です。キーフレームをすべて選択して F9 キーでイージーイーズを設定し**14**、緩急を付けて自然な動きにしておきましょう。

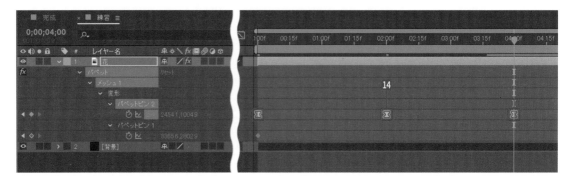

▞ アニメーションのループ化

　作成したアニメーションをずっと繰り返すようにループ化したい場合があります。そのようなときは、**エクスプレッション**を使うと簡単に設定することができます。エクスプレッションとは、プログラミングを使ったアニメーション制御です。プログラミングと聞くと難しそうなイメージですが、よく使うものはテンプレートとしてAfter Effectsに登録されているので、選択するだけで簡単に使うことができます。

ループ化のキーフレームとエクスプレッションの比較

　キーフレームの場合、ループさせる回数分のキーフレームをコピー&ペーストで設定する必要があります。

❶❷❶❷…と繰り返す分だけキーフレームが必要

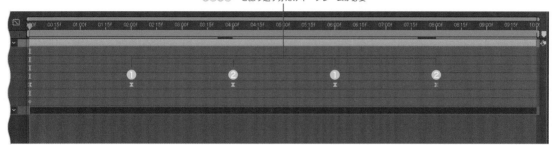

　エクスプレッションを使用すると、1往復分のキーフレームだけでループ化することができます。

❶❷❶だけ設定して、以降は繰り返す指示を設定するだけ。

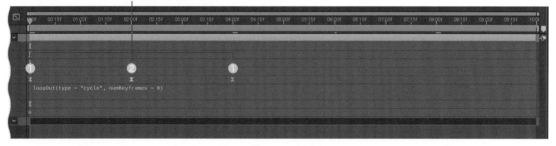

▞ エクスプレッションでループ化の手順

　先ほど揺らした花をループ化させます。

　ループ化する【パペットピン2】の【ストップウォッチ】◉❶を Alt / option キーを押しながらクリックすると、**エクスプレッション**の入力モード❷になります。

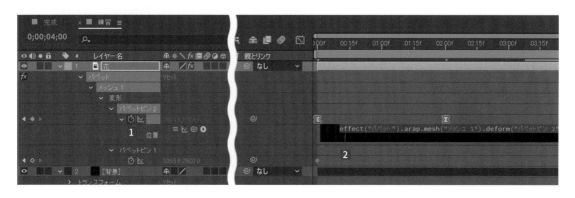

プリセットを選択します。【エクスプレッション言語メニュー】の ▶ **3** をクリック ➡ 【Property】➡【loopOut(type = "cycle", numKeyframes = 0)】**4** を選択します。長い文字列ですが、選択するだけです。覚える必要はありません。

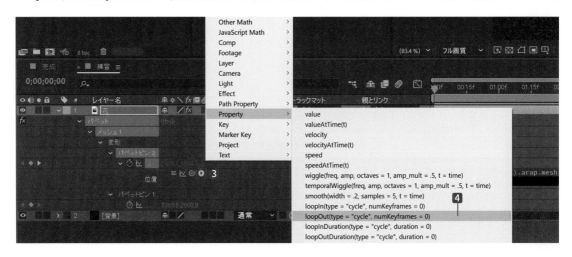

タイムラインの何もないところをクリックして、**エクスプレッション**の入力モードを終了します。これで、選択したエクスプレッションの構文「**キーフレームを繰り返す指示**」を入力することができました **5**。

再生して確認すると、アニメーションがループ化しています。

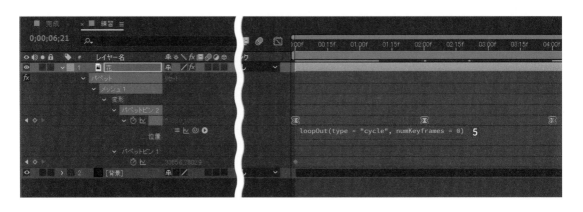

💡 **TIPS** アニメーションの速度調整

すべてのキーフレームを選択した状態で Alt / option キーを押しながら最も右側のキーフレームを左右にドラッグして、キーフレーム全体の間隔を伸縮すると、一往復の動きの速度を調整できます。

パペットツールの使い方例 ❶ ／ イラストや画像を動かす

一枚絵のキャラクター画像も動かすことができます。

Ae【サンプルデータ 3-7-2】

再生すると、1枚絵のキャラクターが走っているのが確認できます。

キャラクターの手足と身体にピンを設定します
❶。

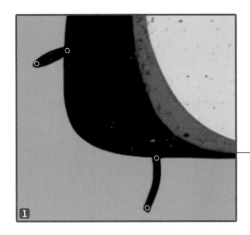

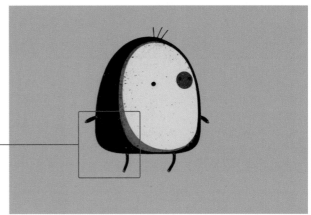

手足の右左の動きと身体の縦揺れをピンに移動して、交互にキーフレームを作成します❷。

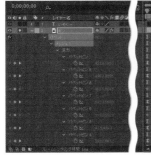

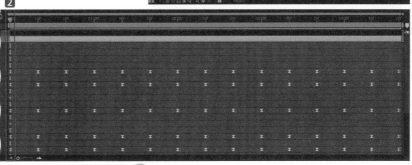

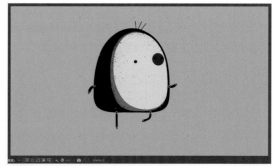

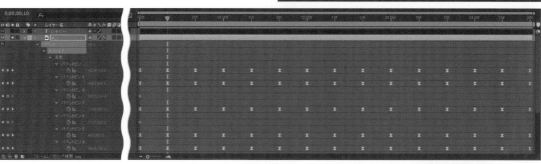

最後に、背景と組み合わせて完成です。

背景が流れる動きはエフェクトのフラクタルノイズを使っています。フラクタルノイズについては、238ページを参照してください。

💡 **TIPS** パペットで動かす手法は効果的

上記のようなイラストをパペットで動かす手法は、手書きの絵コンテのコマを動かして作成する**ビデオコンテ（Vコン）**制作でもよく使われます。このように人物の髪の毛を揺らすだけでも、シーンの雰囲気が表現できます。

Ae【サンプルデータ3-7-3】

パペットツールの使い方例 ❷ 　文字や図形を動かす

有機的な動きを表現することで、単純な文字や図も動きで感情を表現できます。

Ae【サンプルデータ 3-7-4】

　再生すると、文字が歩くアニメーションが確認できます。
　テキストとシェイプレイヤーはパペットと【トランスフォーム】を同時に使うことができないので、コンポジションを分けて設定する必要があります。
　テキストのコンポジションでパペットを設定します。

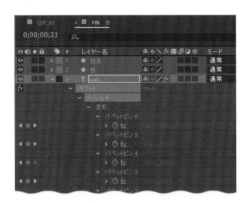

　ベクター画像にパペットと【トランスフォーム】を同時に設定すると、ピンの位置がずれてしまいます。

　新しいコンポジションを作成して、その中にテキストのコンポジションを読み込み、【トランスフォーム】を設定します。

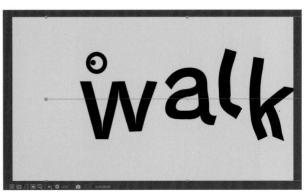

Section 3
8

音声データの扱い方

After Effects での音声の扱い方について理解しておきましょう。

∷ BGMや効果音の編集について

After Effectsはリアルタイムで再生できるツールではないので、基本的に音の編集作業には向いていません。
BGMや効果音の編集は、リアルタイム再生ができるPremiere Proなどで行うのが一般的な手法となります。

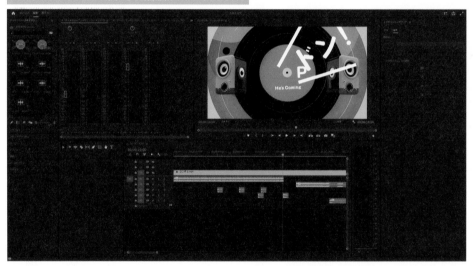

Adobe Creative Cloudで利用できる動画編集ソフト Premiere Pro

　After Effectsで音データに合わせた編集や微調整が必要な場合は、Premiere Proなどで編集した音声を書き出した
完成データを読み込んで調整するのがおすすめです。

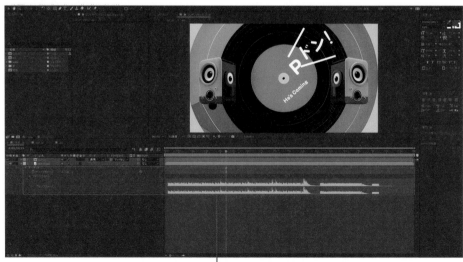

BGM・効果音・声などさまざまな音をミックスして1つにまとめた素材

:: 音声に合わせたアニメーションの作成

Ae【サンプルデータ3-8-1】

【完成】コンポジションを再生すると、音とアニメーションが流れます。

一度プレビュー再生して、**レンダリングのキャッシュが溜まった部分だけ**音声と共にリアルタイム再生できます。

音に合わせてアニメーションを作る場合は、歌やナレーション、音楽、効果音などをミックスした状態の1つの音声データで読み込んで、要所要所をキャッシュで聴きながら音に合わせてアニメーションを作成します。

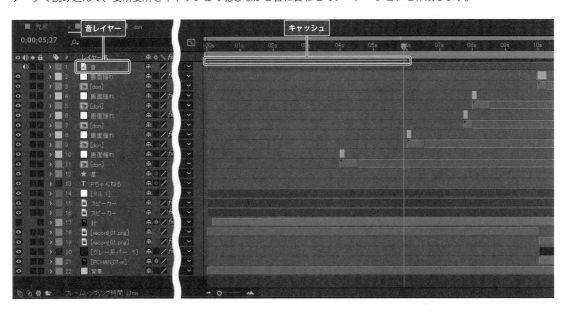

また【オーディオ】■レイヤーのタブを開くと、【ウェーブフォーム】■から音の波形■を表示させることができます。

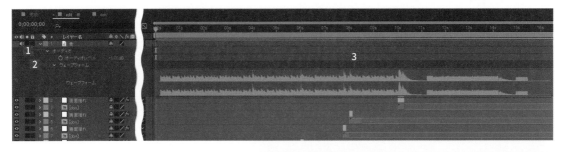

音の波形の山が高いところが音量の大きな部分なので、「ドン！」といった特徴的な音がある場合は、視覚的に音に合わせて動きのタイミングを作ることもできます。

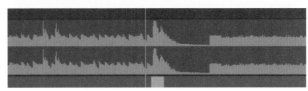

:: 音声の編集方法

　例えばPremiere Proの操作がわからないなど、何かの都合でどうしてもAfter Effectsで音を挿入しなければならない場合の編集方法を解説します。

Ae【サンプルデータ 3-8-2】

【練習】**1** コンポジションを再生すると、アニメーションが流れます。ここに音を追加していきましょう。

　最初にBGMを配置します。【プロジェクト】パネルの【音】フォルダの中にある【BGM_01】**2**をドラッグしてタイムラインに配置します**3**。

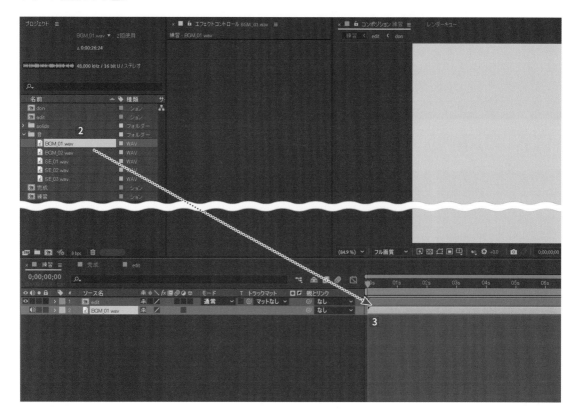

BGMの長さをアニメーションに合わせます。

今回は、画面を破壊するところまでBGMを流すので、【現在の時間インジケーター】■を【10秒10フレーム】4 に移動して【BGM_01】5 を選択し、 Alt/option +] キーでBGMの長さを縮めます 6 。

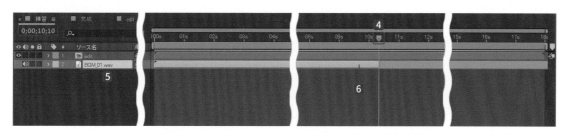

音は途中で切ると「プチッ」とノイズが出る原因になりますので、BGMの終わりに短くフェードアウトを設定します。【BGM_01】7 レイヤーを開いて、【オーディオ】➡【オーディオレベル】8 を表示します。

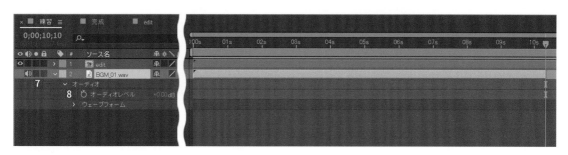

【オーディオレベル】で音量を増減でき、キーフレームを設定すると時間で音量を変化させることができます。

【現在の時間インジケーター】■をフェードアウトの開始時間に移動します。ここでは、【10秒】9 に移動して【オーディオレベル】の【ストップウォッチ】■ 10 をクリックしてキーフレーム 11 を設定します。

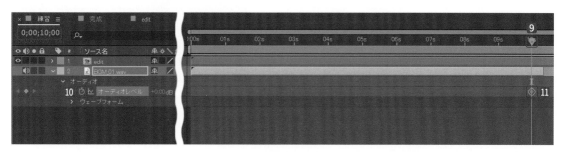

【現在の時間インジケーター】■をBGMの終了時間【10秒10】12 に移動します。【オーディオレベル】の数値を左にドラッグしてマイナスに設定し、音が出ない数値まで下げます。音が出ない数値は、音素材の元の音量によって変わります。ここでは【-60】13 に設定します。これで、フェードアウトが設定できました。

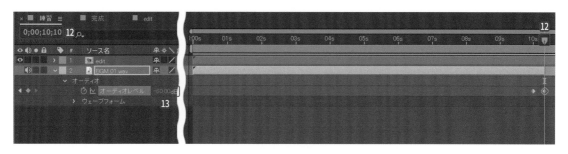

次に効果音を配置します。【プロジェクト】パネルから【SE_01】**1**をドラッグしてタイムラインに配置します**2**。

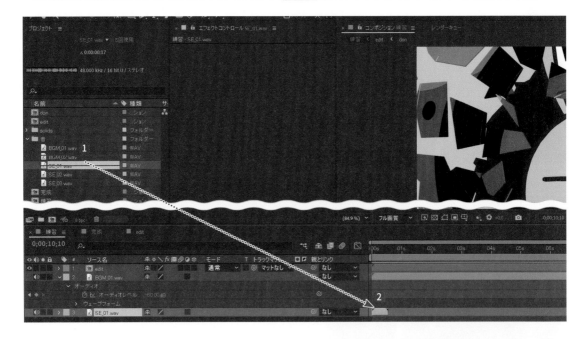

効果音は、左右にドラッグで移動して、アニメーションのタイミングに合わせて【4秒】に配置します。

音量は、【オーディオレベル】**3**で調整します。

同様の作業で、その他の音も配置します。

6秒：SE_01	10秒：SE_02
7秒22フレーム：SE_01	11秒7フレーム：BGM_02
8秒：SE_01	14秒6フレーム：SE_03

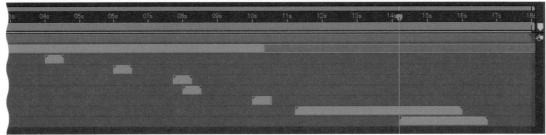

:: 動画の音量について

動画を作成する際の音量設定を間違えると、作成した動画の音割れの原因となります。

音量を確認するために、【音量メーター】を表示します。【ウィンドウ】➡【オーディオ】**1**（ Ctrl / command ＋ 4 キー）を選択します。

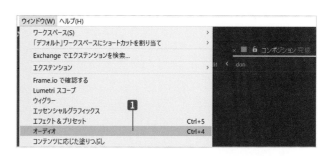

【オーディオ】パネル**2**が表示され、【音量メーター】と最終出力の音量を調整する【フェーダー】が表示されています。

【音量メーター】**3**で音量を確認します。
一番上が「**0dB**」で、「0dB」より大きな音量に設定すると音割れが生じるので、すべての音が「0dB」を超えない範囲の音量に設定する必要があります。

絶対にこの赤が点灯しないように調整

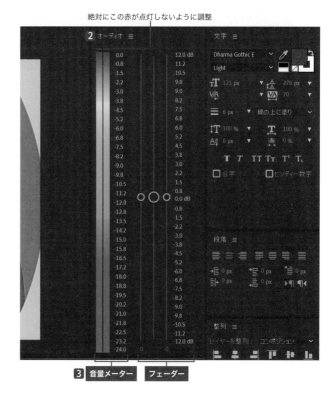

3 音量メーター　　フェーダー

個々の音量のバランスは、それぞれの音レイヤーの【オーディオレベル】で調整します。
【音】レイヤーを選択した状態で L キーを押すと、【オーディオレベル】を表示できます。

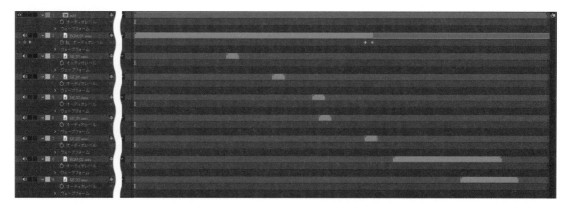

BGMと効果音のバランスを調整します。この際、再生時のメーターが【0dB】を一度も超えないように注意します。すべて調整できたら聴きながら確認して、一度もメーターを振り切っていなければ完成です。

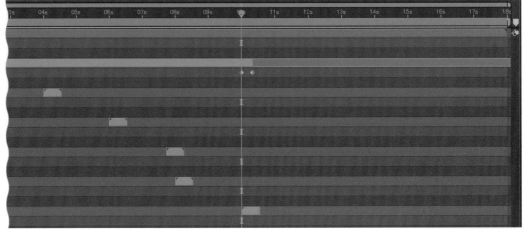

YouTubeにアップロードする動画の音量が大きすぎると、YouTube側で圧縮されて音質の劣化を招く場合があります。YouTubeに適正な音量は「**ラウドネス値**」で計測されます。この「ラウドネス値」を計測するために使用する「**ラウドネスメーター**」はAfter Effectsには非搭載で、Premiere Proで使用することができます。

動画の書き出しについて

目的に合わせた動画の書き出し設定を理解して、設定を使い分けましょう。

:: レンダリングの目的

動画制作全体の流れによって、書き出す動画の方法と形式が変わります。

中間データの作成

After Effectsで作っているものが完成動画の一部分のパーツ素材、例えばタイトルアニメーションやCG合成カットの場合は、中間データを書き出した後にPremier Proで本編に組み込んで、完成動画を作成します。

完成データの作成

After Effectsで完結する完成版の作品を作っている場合は、After Effectsの編集データをMedia Encoderに送り、MP4など目的の最終動画形式で書き出します。

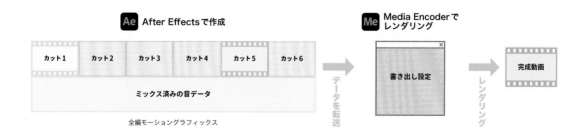

:: 中間データの種類と作成手順

　中間データは、作成した動画ファイルを素材としてさらに動画編集を行うために、圧縮による画質劣化が少ない状態で作成する必要があります。そのための書き出し形式として、代表的なものが2種類あります。

❶ Apple ProRes形式

　画質の劣化を極力抑えつつファイルサイズを小さくできる形式で、中間データの作成で近年主流で使われています。Apple ProResの中にもいくつかの種類があり、中間データの目的によって使い分けられています。

Apple ProResの種類

名前	概要
Apple ProRes 422	**画質とファイルサイズのバランスが良い軽めのデータ形式でスタンダードな設定です。**
Apple ProRes 422 HQ	Apple ProRes 422よりも高画質な設定。ファイルサイズも大きくなります。
Apple ProRes 422 LT	Apple ProRes 422よりも圧縮率が高く、もう少しファイルサイズを小さくしたいときに使います。
Apple ProRes 422 プロキシ	Apple ProRes 422 LTよりもさらに圧縮率の高いコーデックで、編集時の負荷を減らすための一時データとして使います。
Apple ProRes 4444	**背景の透過（アルファチャンネル）を含む中間データの作成に使用します。**
Apple ProRes 4444 XQ	Apple ProRes 4444の最高品質設定。ファイルサイズも大きくなります。

　業務制作などで入稿形式に規定がない場合やアルファチャンネルが不要な場合は、「**Apple ProRes 422**」がおすすめです。アルファチャンネルが必要な場合は、「**Apple ProRes 4444**」を選択します。この2つを使用するのが主流です。実際に作成してみて画質がイマイチな場合は、高画質版の設定を使ってみましょう。

　Apple ProRes形式は、圧縮してファイルサイズを小さくしますが、あくまで中間データですので、最終データとして一般的に扱われるデータ、MP4などよりは基本的に大きなファイルサイズとなります。

　YouTubeや趣味の動画制作でそこまで品質重視が必要なわけではなく、できるだけ小さなデータサイズでカジュアルに制作したい場合は、中間データにMP4などを使っても問題ありません。

Apple ProRes の作成手順

動画の書き出す範囲を設定します。【ワークエリアの開始】**1**と【ワークエリアの終了】**2**を左右にドラッグして、書き出す範囲に合わせます。

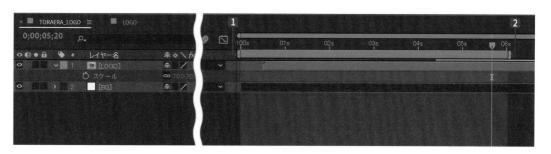

【タイムライン】パネルが選択された状態で、【コンポジション】➡【レンダーキューに追加】**3**（ Ctrl / command ＋ M キー）を選択します。

表示された【レンダーキュー】パネルの【出力モジュール】の選択項目**4**をクリックします。

【出力モジュール設定】ダイアログボックスの【形式】から【QuickTime】**5**を選択します。

【形式オプション】ボタン 6 をクリックします。

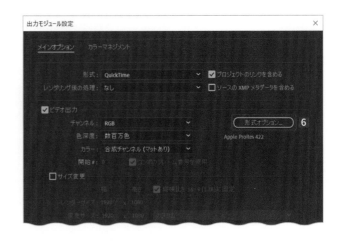

【QuickTime オプション】ダイアログボックスの【ビデオコーデック】7 から Apple ProRes 形式を選択します。
ここでは【Apple ProRes 422】8 を選択し、【OK】ボタン 9 をクリックして設定を終了します。

続けて、【出力モジュール設定】ダイアログボックスも【OK】ボタン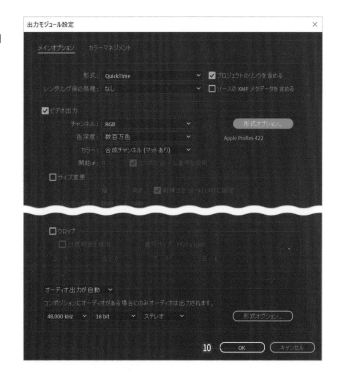をクリックして設定を閉じます。

データの保存先とファイル名を設定します。【出力先】の選択項目🕚をクリックします。

保存先🕛と【ファイル名】🕓を入力して、【保存】ボタン🕔をクリックします。

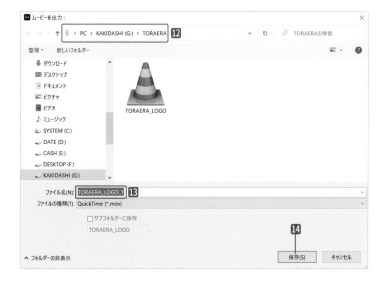

【レンダリング】ボタン■をクリックすると、書き出しの処理が始まります。
【100%】■になると完了音が鳴り、レンダリング完了です。

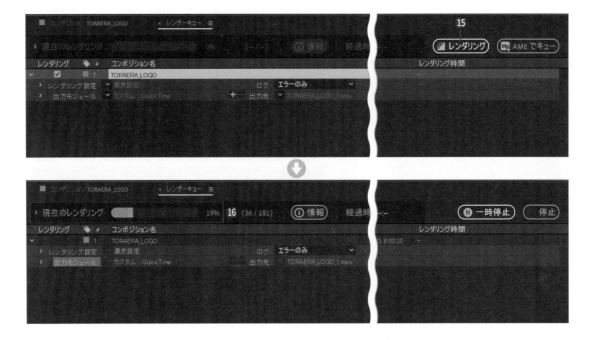

指定した保存先に動画ファイルが作成されます■。

「**ProRes**」形式の動画はMac仕様のデータのため、Windowsの標準動画プレーヤーで再生することができません。
再生するためには、「**VLC Media Player**」など「ProRes」形式に対応したプレーヤーを使用する必要があります。

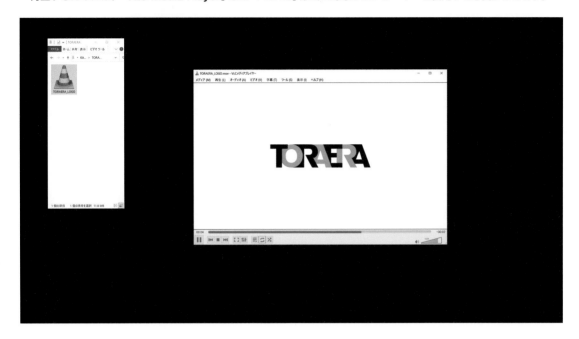

　Windowsで再生できなくてもデータ上は問題ないので、Premiere Proなどの編集ソフトに読み込んで編集すること
ができます。

❷ 連番画像形式 (画像シーケンス)

動画データは静止画の集まりです。そのため、すべてのフレームを静止画として書き出すことができます。
逆に、静止画として書き出したファイルを、Premiere Proで1本の動画として扱うこともできます。

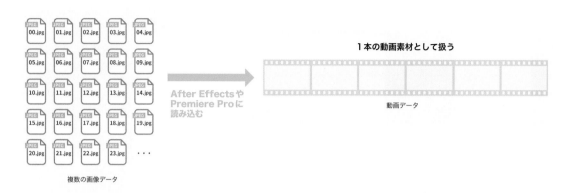

連番画像形式の種類

　連続の画像を保存する方法なので、ファイル形式は一般的な画像形式の「**JPEG**」、「**PNG**」、「**TIFF**」などが使用できます。どの形式を選択するかは好みもありますが、アルファチャンネルが不要な場合は「JPEG」、アルファチャンネルが必要な場合は「PNG」か「TIFF」を選択します。

JPEG (背景透過できない)

PNG、TIFF (背景透過できる)

TIPS 連番画像のメリットとデメリット

連番画像のメリットは、すべてのフレームが個別のデータなので、After Effectsで修正や変更を加えて再度レンダリングする際に、変更した部分だけを上書き保存することができ、レンダリングに要する時間を短縮できることです。
デメリットは、すべてのフレームがバラバラのデータなのでファイル数が膨大になり、管理しにくくなることです。
自分の制作スタイルに合わせて、扱いやすい方法を選択して進めてください。

連番画像の書き出し手順

　動画の書き出す範囲を設定します。【ワークエリアの開始】**1**と【ワークエリアの終了】**2**を左右にドラッグして、書き出す範囲に合わせます。

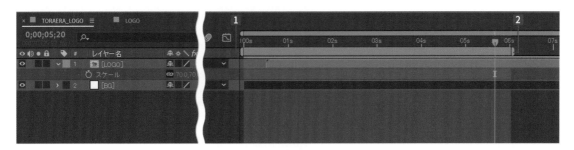

　【タイムライン】パネルが選択された状態で、【コンポジション】➡【レンダーキューに追加】**3**（Ctrl/command＋Mキー）を選択します。

　表示された【レンダーキュー】パネルの【出力モジュール】の選択項目**4**をクリックします。

　【出力モジュール設定】ダイアログボックスの【形式】から画像シーケンスを選択します。
　ここでは、【TIFFシーケンス】**5**を選択します。

【形式オプション】**6**をクリックします。

【TIFF】オプションは、可逆圧縮で画像の劣化が少ない【LZW圧縮】**7**にチェックを入れて、【OK】ボタン**8**をクリックします。

【チャンネル】から【RGB】**9**を選択します。
　背景なしで透過させる場合は、【RGB + アルファ】を選択します。

　最後に【OK】ボタン**10**をクリックして、設定を終了します。

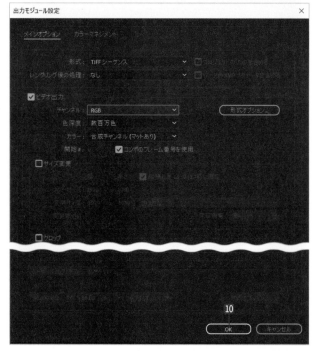

データの保存先とファイル名を設定します。【出力先】の選択項目⑪をクリックします。

　保存先とファイル名⑫を指定して【保存】ボタン⑬をクリックします。連番形式は全フレームを個々の画像素材として保存するので、大量の画像データが作成されます。

　【サブフォルダーに保存】⑭をチェックして有効にしておくと、フォルダーを作成してその中に保存します。

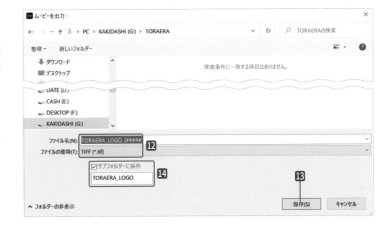

　【レンダリング】⑮をクリックすると、書き出しの処理が始まります。100%になると完了音が鳴り、レンダリングの完了です。

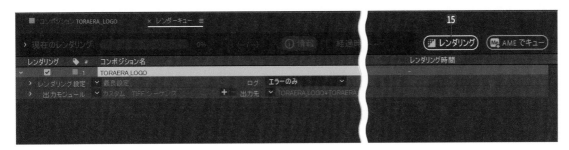

　フォルダに連番画像が作成されています。Premiere Proなどで連番画像として読み込むことで、1本の動画素材として編集することができます。

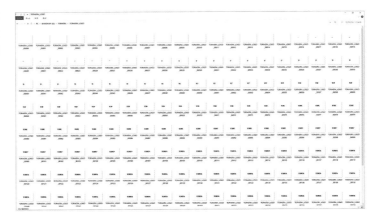

:: 完成データの作成手順

完成データは最終的な動画データですので、使用方法に合わせた最適な形式と設定で作成します。

最近では多くのケースでMP4が完成データ形式として使用されています。YouTubeなら高画質なMP4、各種SNS向けならアップロードに対応しているファイルサイズのMP4などです。

MP4をカスタマイズするための設定項目

用途に合わせたMP4データを作成するための、設定の中心となる項目をざっと見てみましょう。

【ビデオビットレート設定】

動画の画質とファイルサイズのバランスに大きく影響する設定項目です。
【ターゲットビットレート】の数値を上げるほど、画質とファイルサイズが大きくなります。

設定項目	概要
ビットレートエンコーディング	【CBR】と【VBR】から選択します。 【CBR】は、動画全体を設定した固定のビットレートで書き出す画質優先の設定。 【VBR】は、動画の内容を解析してビットレートを自動的に増減してデータサイズを小さくする設定。意図せず低画質になってしまう部分が発生する場合がある。 1passは1回解析を行い、2passは2回解析を行うので、2passのほうが解析の精度が上がる可能性があるが、解析時間は長くかかる。
ターゲットビットレート	数値を上げるほど、高画質でファイルサイズも大きくなる。 設定の目安としては、フルHDでは【16】がスタンダード画質で、【50】が高画質。 4kでは【50】がスタンダード画質で、【100】が高画質。

【オーディオビットレート設定】

動画の音質とファイルサイズのバランスに大きく影響する設定項目です。
【ビットレート】の数値を上げるほど、音質とファイルサイズが大きくなります。

設定項目	概要
ビットレート	数値を上げるほど高音質でファイルサイズも大きくなる。 設定の目安としては、【192】がスタンダード音質で、【320】が高音質。

このビデオと音のビットレートで画質とファイルサイズのバランスを調整する考え方は、他の動画形式でも同じです。

MP4の作成手順

書き出す動画の範囲を設定します。【ワークエリアの開始】**1**と【ワークエリアの終了】**2**を左右にドラッグして、書き出す範囲に合わせます。

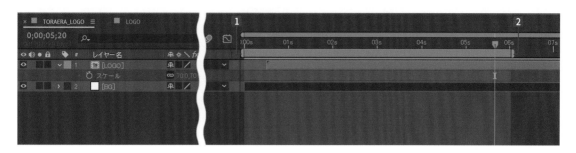

【タイムライン】パネルが選択された状態で、【ファイル】➡【書き出し】➡【Adobe Media Encoder キューに追加】**3**を選択します。

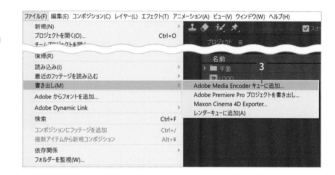

【Adobe Media Encoder】が起動して、書き出しリスト【キュー】**4**が追加されます。
完成データの作成は、【Adobe Media Encoder】を使ってレンダリングとエンコード（変換）を同時に行います。

【プリセット】の設定項目**5**をクリックします。

【書き出し設定】パネルが表示されます。

【形式】から【H.264】**6**を選択します。

また、【プリセット】から【ソースの一致・高速ビット
レート】**7**を選択します。

【ビデオ】**8**タブをクリックして、動画の【ビットレート
設定】を変更します。

ここでは、高画質設定として【ビットレートエンコー
ディング】で【CBR】**9**を選択し、【ターゲットビットレー
ト】を【50】**10**に設定します。

続けて【オーディオ】**11**タブをクリックして、音の【ビッ
トレート設定】を変更します。

ここでは、【ビットレート (kbps)】を【320】**12**に設定
します。

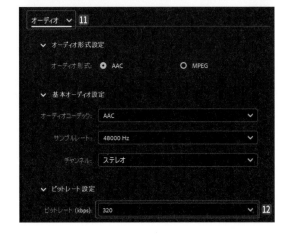

　設定が終了したら、【OK】ボタン**13**をクリックして【書き出し設定】を閉じます。

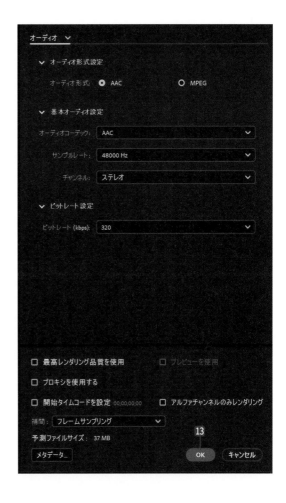

　データの保存先とファイル名を設定します。【出力ファイル】の選択項目**14**をクリックします。

　ここでは保存先として【デスクトップ】に【VIDEO】**15**フォルダーを作成して選択し、ファイル名を【LOGO_01】**16**として【保存】ボタン**17**をクリックします。

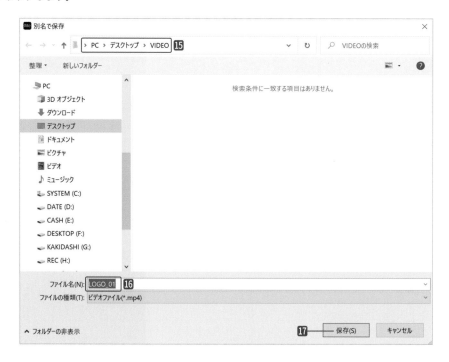

　【キューを開始】▶（ Enter / return キー）**18**をクリックすると、書き出しの処理が始まります。

　【100%】になるとレンダリング完了です。【出力ファイル】の設定項目をクリックすると保存先が開いて、作成した動画データ**19**が確認できます。

　作成するファイルサイズを減らしたい場合は、【ビデオ】と【オーディオ】のビットレートを下げて品質とファイルサイズを確認しながら、適切な設定を見つけてください。

Chapter

4

色編集と合成モード

ここでは、After Effectsのエフェクトを使った色調補正やぼかし、描画モードについて学びます。

Section 4
1 【トーンカーブ】で明るさを調整する

ここでは、明るさ調整の基本ツール【トーンカーブ】について理解します。

【トーンカーブ】とは

画像や動画の明るさ「**輝度**」は、最も暗い部分が「**黒**」で最も明るい部分が「**白**」になっています。

素材の元々の色の明るさに対して、「暗い部分を明るくする」や「明るい部分を暗くする」といった設定をカーブを使って調整するツールです。

【トーンカーブ】の主な設定項目

【トーンカーブ】の設定は、以下のような構成になっています。

・横軸**1**が「**素材の明るさ**」
・縦軸**2**が「**明るさの設定**」

トーンカーブの横軸の左が「黒」で素材の最も暗い部分、右が「白」で素材の最も明るい部分となります。縦軸は下が「黒」で上が「白」です。

例えば、左下の点を上に移動すると、「暗い部分が明るくなる」設定になります。

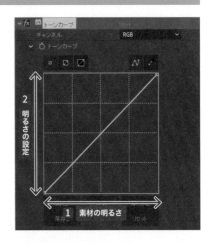

【チャンネル】**3**を切り替えると、【赤】・【緑】・【青】・【アルファ】のカーブを個々に調整することができます。

例えば、素材の赤みだけを抑えたいときは、【赤】を選択してカーブを調整します。

【自動】**4**をクリックすると、平均的な明るさとコントラストになるようなカーブが自動で作成されます。

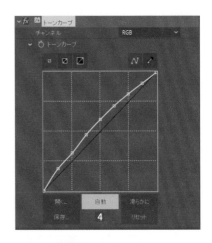

∷【トーンカーブ】の設定操作

【トーンカーブ】を適用する素材をタイムラインで選択して、【エフェクト】➡【カラー補正】➡【トーンカーブ】**1**を選択します。

【サンプルデータ4-1-1】

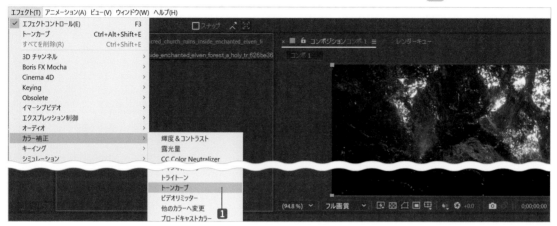

カーブの作り方

トーンカーブの線上をクリックすると点が追加されるので**1**、この点をドラッグして移動し、カーブの形状を編集します。

点は線上をクリックして増やすことができるので、複雑なカーブを描くこともできます。

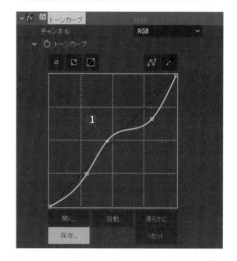

点を削除するときは、隣接する点に重ねます**2**。

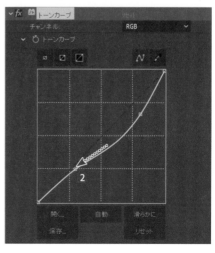

明るいところから暗くする

右上の出力値（白）のポイントを下方向にドラッグすると、素材の一番明るい部分から暗くなっていきます。

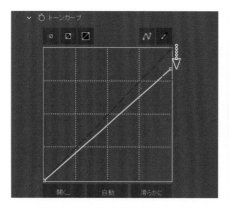

明るいところだけ暗くする

トーンカーブの途中をクリックしてポイントを追加し、暗部を対角線上に戻すと**1**、暗い部分にほとんど影響を与えることなく、明るい部分だけを暗くすることができます。

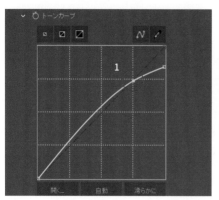

暗いところから明るくする

左下の出力値（黒）のポイントを上方向にドラッグすると**1**、素材の一番暗い部分から明るくなっていきます。

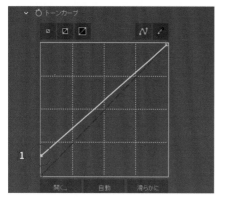

暗いところだけ明るくする

トーンカーブの途中をクリックしてポイントを追加し、明部を対角線上に戻すと**1**、明るい部分にほとんど影響を与えることなく、暗い部分だけを明るくすることができます。

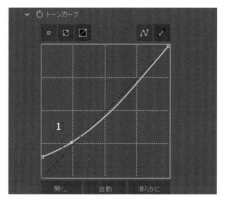

全体を明るくする

トーンカーブの中間をドラッグしてポイントを追加し、上方向に移動すると**1**、全体が明るくなります。ドラッグで移動しながら、いい感じの場所を探します。

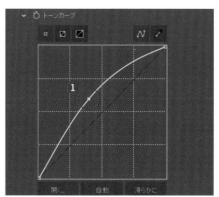

全体を暗くする

トーンカーブの途中をドラッグしてポイントを追加し、下方向に移動すると**1**、全体が暗くなります。ドラッグで移動しながら、いい感じの場所を探します。

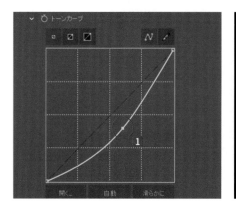

コントラストを上げる

暗部のポイントを下方向に設定**1**し、明部のポイントを上方向に設定**2**してS字カーブを描くと、暗い部分はより暗く、明るい部分はより明るくなり、コントラストが上がります。

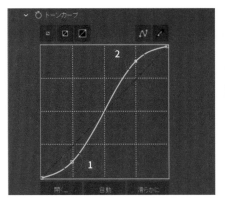

コントラストを下げる

暗部のポイントを上方向に設定**1**し、明部のポイントを下方向に設定**2**して逆S字カーブを描くと、コントラストの低い淡いトーンになります。

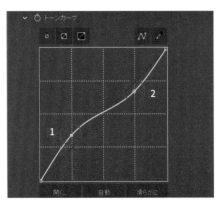

💡 **TIPS**　素材の破綻に注意

トーンカーブは極端な形状にするとノイズが発生したり画が破綻するので、自分の目で確認しながらいい感じの設定を探します。

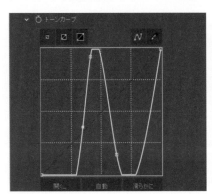

特定のカラーチャンネルだけ調整する

【チャンネル】を指定すると、そのカラーの明るさだけを変更することができます。

例えば、【青】**1**を選択するとカーブが青色**2**になります。

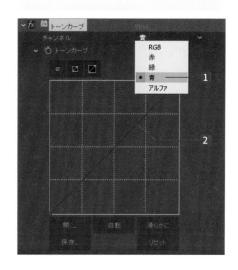

【青】だけを全体的に下げると緑がより鮮やかになります。このようにチャンネルごとに調整することで、色のバランスで色調を作成することができます。

適用前

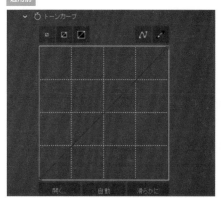

適用後

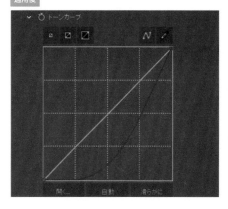

Section 4 — 2 【レベル補正】で明るさを調整する

もう一つの明るさ調整の基本ツール【レベル補正】について理解しておきましょう。効果や使用目的は「トーンカーブ」とほとんど同じですが、「レベル」は数値で管理できるのが特徴です。

【レベル補正】とは

【レベル補正】は、輝度の調整や制限を数値で設定するエフェクトです。色調補正が目的の場合は、どちらでも同等の結果を得ることができるので、自分が扱いやすい方をケースバイケースで使ってください。

元画像　　　Ae【サンプルデータ 4-2-1】

【トーンカーブ】で加工

【レベル補正】で加工

【レベル補正】の主な設定項目

【レベル補正】の設定画面は、上下2つのグラフで構成されています。上が【入力レベル】、下が【出力レベル】の設定です。

グラフとその下にある設定項目の数値は、リンクして動きます。トーンカーブと同様に、【チャンネル】でRGBとアルファチャンネルを切り替えて個別に調整できます。

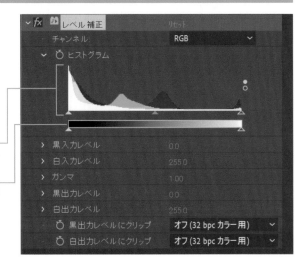

【入力レベル】
元の素材の明るさに対して明るさとコントラストを調整します。

【出力レベル】
出力する輝度の「黒の黒さ」と「白の白さ」の制限を設定する項目。

::【レベル補正】の設定操作

【レベル補正】を適用する素材をタイムラインで選択して、【エフェクト】➡【カラー補正】➡【レベル補正】**1**を選択します。

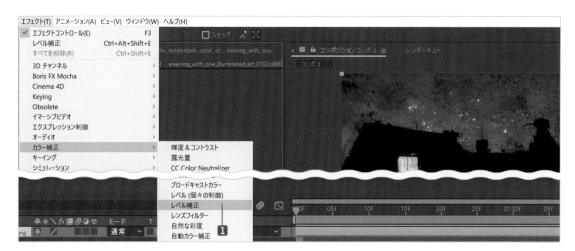

全体を明るくする

【白入力レベル】を左にドラッグ**1**して明るくし、【ガンマ】を左右にドラッグ**2**してコントラストを調整します。それぞれの項目にある数値を変更して**3**、設定することもできます。

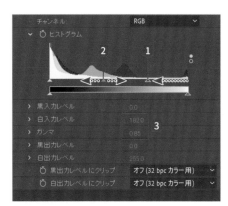

輝度を制限する

【黒出力レベル】**1**と【白出力レベル】**2**を左右にドラッグして、「最も暗い黒のレベル」と「最も明るい白のレベル」を制限することができます。

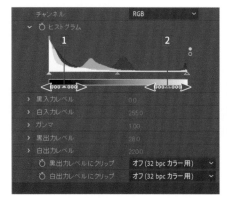

Section 4 3 【色相/彩度】で色味を調整する

【明度】、【彩度】、【色相】を変更して組み合わせることで、色味を整えたり大きく印象を変化させることができます。

∷【色相/彩度】とは

色相（色合い）と**彩度**（色の鮮やかさ）を変更するエフェクトです。
それぞれの設定を少しずつ動かしながら、いい感じの色合いを探します。

∷【色相/彩度】の主な設定項目

【色相/彩度】の設定画面

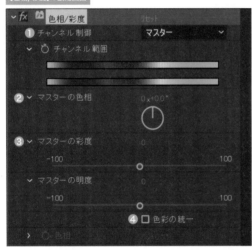

項目	概要
❶ **チャンネル制御**	変更するカラーチャンネルを選択します
❷ **マスターの色相**	色味を変更します
❸ **マスターの彩度**	色の鮮やかさを変更します
❹ **色彩の統一**	単色のカラートーン（モノクロ）に設定します

∷【色相/彩度】の設定操作

【色相/彩度】を適用する素材をタイムラインで選択して、【エフェクト】➡【カラー補正】➡【色相/彩度】❶を選択します。

Ae 【サンプルデータ 4-3-1】

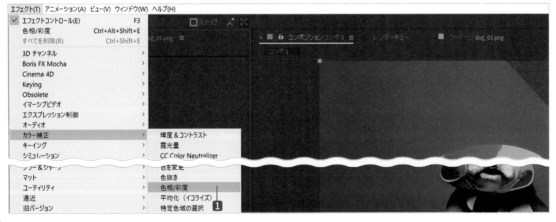

全体の色合いを変更する

【マスターの色相】■の数値を変更すると色相が移動して、素材全体の色合いが変わります。

【チャンネル範囲】■上段の元の色味に対して下段が変更後の色となります。
　実際の画像の変化と見比べると、青の部分がピンクに、ピンクの部分が緑になっていることが確認できます。

全体を鮮やかにする

【マスターの彩度】■の数値を増やすと、彩度が上がり鮮やかな色味になります。
数値を上げすぎると色が破綻したりノイズが出るので、注意が必要です。

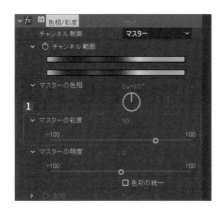

全体の彩度を落とす

【マスターの彩度】１の数値を減らすと色合いが薄くなり、【-100】に設定すると「白黒」になります。

全体を明るくする

【マスターの明度】１の数値を増やすと、全体が明るくなります。

全体を暗くする

【マスターの明度】１の数値を減らすと、全体が暗くなります。

組み合わせたバランスで調整を行う

基本的な色味は、色相・彩度・明度のバランスで調整します。各項目の効果は変化が大きいので、少しずつ変更しながら確認してください。

モノトーンにする

【色彩の統一】■にチェックを入れると、モノトーンになります。

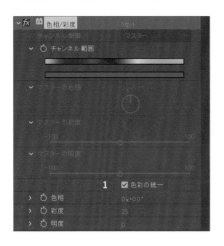 

【色相】■の数値を変えると、モノトーンのカラーが変わります。

【彩度】**3**の数値を変えると、モノトーンの鮮やかさが変わります。

【明度】**4**の数値を変えると、モノトーンの明るさが変わります。

カラーチャンネルで調整する

例えば、【チャンネル範囲】を背景の【青】**1**に設定します。

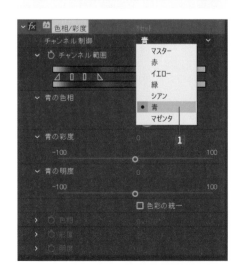

【色相】を変更すると【チャンネル範囲】の【青】の部分だけ色が変更されます。
同様に、【彩度】と【明るさ】の影響もこの部分にだけ適用されるので、一部の色味だけ調整したいときに使用します。

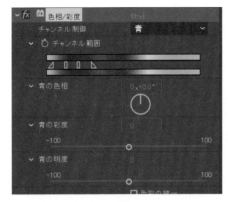

背景の青を赤に変更

【チャンネル範囲】はドラッグで変更する色の範囲をさらに細かく調整することができます。

プレビューで変化を確認しながら、いい感じの設定を探します。

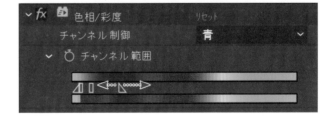

Chapter
4

【トライトーン】で色調を作成する

Section 4

4

【トライトーン】を使うと、3色の組み合わせでさまざまなトーンを作ることができます。

【トライトーン】とは

　ハイライト・ミッドトーン・シャドウの輝度ごとにそれぞれ色を設定して、トーンを作ることができます。色味の変更から色調の作成までさまざまな使い方ができます。 【サンプルデータ4-4-1】

【トライトーン】の主な設定項目

　【トライトーン】の設定画面では、【ハイライト】・【ミッドトーン】・【シャドウ】の【カラー】をクリックして色を変更します。

【トライトーン】の設定画面

項目	概要
❶ ハイライト	素材の明るい部分の色の設定
❷ ミッドトーン	素材の中間の明るさの色の設定
❸ シャドウ	素材の暗い部分の色の設定
❹ 元の画像とブレンド	元の画像と変更色のブレンド割合の設定

【トライトーン】の設定操作

　【トライトーン】を適用する素材をタイムラインで選択して、【エフェクト】➡【カラー補正】➡【トライトーン】❶を選択します。

白黒の作成

【ハイライト】を【白】、【ミッドトーン】を【グレー】、【シャドウ】を【黒】に設定すると白黒の色調になります。
【ミッドトーン】の【グレー】の明るさでコントラストを調整します。

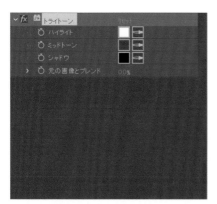

古めかしいトーンの作成

　【ハイライト】を【クリーム色】、【ミッドトーン】を【茶色】、【シャドウ】を【黒】に設定すると、**古めかしい色調を作る**
ことができます。

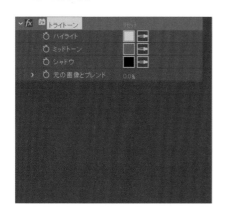

フィルムトーンの作成

【ハイライト】を【クリーム色】、【ミッドトーン】を【緑】、【シャドウ】を【暗い深緑】に設定すると、フィルム調を作ることができます。

【元の画像とブレンド】の数値を増やして、【トライトーン】で作った色調と元の色調の混ぜ具合を調整し、いい感じのトーンに調整します。

ハイコントラストの作成

【ミッドトーン】と【シャドウ】を【黒】に設定して、【ハイライト】で色を設定します。

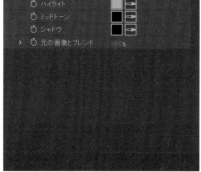

Chapter
4

Section 4

5 【塗り】でベタ塗りカラーを作成する

平面やテキスト、シェイプの塗り設定の変更は操作に手間がかかるので、【塗り】エフェクトで変更することも多々あります。

∷ 【塗り】エフェクトとは

【塗り】エフェクトは、単純に素材をベタ塗りにするエフェクトです。エフェクトなので、すべてのレイヤーにコピー＆ペーストで適用でき、効率的にカラー変更が行えます。

【塗り】の設定項目

【塗り】の設定画面

項目	概要
❶ 塗りつぶしマスク	素材にマスクがある場合に選択したマスク範囲を塗りつぶす
❷ すべてのマスク	素材の複数のマスクがある場合に全マスクを塗りの範囲にする
❸ カラー	塗りつぶす色の設定
❹ 反転	塗りつぶす範囲を反転する設定
❺ 水平ぼかし	マスクを選択した際に水平方向にぼかす設定
❻ 垂直ぼかし	マスクを選択した際に垂直方向にぼかす設定
❼ 不透明度	塗りつぶした素材の不透明度を設定

∷ 【塗り】の設定操作

【塗り】を適用する素材をタイムラインで選択して、
【エフェクト】➡【描画】➡【塗り】❶ を選択します。

【サンプルデータ4-5-1】

【カラー】**2**で色を選択してレイヤーを塗りつぶします。文字やシェイプなど、たくさんのレイヤーの色を個々に変更するケースなど、【塗り】エフェクトを使ったほうが変更や管理がしやすい場合があります。

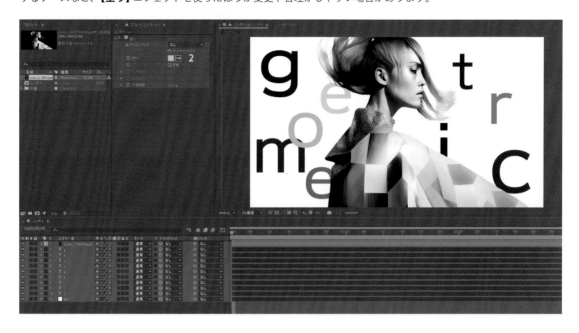

::【塗り】エフェクトで一括カラー適用

例えば、【1】レイヤー**1**に設定した色を【2】・【4】・【5】・【6】・【12】・【15】レイヤーにも設定する場合、【1】レイヤーの【塗り】エフェクト**2**を選択して、【編集】➡【コピー】(Ctrl/command + C キー) でコピーします。

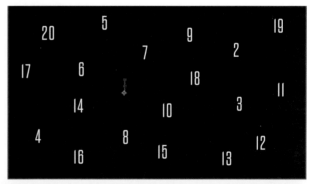

【2】レイヤー**3**を選択したら、 `Ctrl/command` キーを押しながら【4】・【5】・【6】・【12】・【15】レイヤー**4**をクリックして、複数のレイヤーを選択した状態にします。

　【編集】➡【ペースト】（ `Ctrl/command` ＋ `V` キー）を選択して、選択したレイヤーに【塗り】エフェクトを貼り付けます。

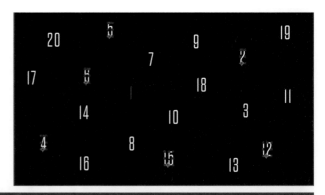

　このように、個々のレイヤーに色を一括で適用することができます。

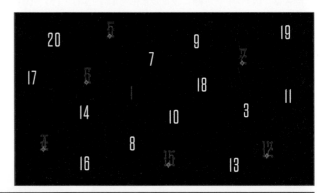

塗りエフェクトが適用されている

【描画モード】でトーン合成する

【描画モード】を使って複数の素材を重ねて合成することで、新たに印象的なトーンを作ることができます。

【描画モード】とは

【描画モード】は、複数の素材を重ねて合成する描画方法です。重ねた素材の明るさや色相を基準に、デジタル処理で掛け合わせて新たな描画を作成します。

【描画モード】の設定項目

【描画モード】は、大きく7つのカテゴリに分かれています。それぞれの描画方法は決まった計算ルールで処理が行われますが、複雑なデジタル処理のため、理論で理解するのは困難です。

実用で使い分ける方法は、「いろいろ試しながら慣れる」というのが実際のところです。使っていると感覚が掴めますので、難しいことは気にしないで設定を変えて試してみましょう。

【描画モード】の設定操作

上に重ねた合成素材レイヤーの【モード】をクリックしてモードを選択します。
モードが表示されていないときは、項目名の上 **1** で【右クリック】➡【列を表示】➡【モード】**2** を選択します。

ここでは一例として、下記の画像に青い平面を合成して、その変化を見てみましょう。【サンプルデータ4-6-1】

加算

【青】を乗せると、明るく色が合成されます。レイヤーの【不透明度】で合成具合を調整します。

作例　加算＋不透明度50%　強い青い光のようなトーンに

スクリーン

【青】を乗せると、ソフトに色が合成されます。レイヤーの【不透明度】で合成具合を調整します。

作例　加算＋不透明度30%　ふわっとした青い光のようなトーンに

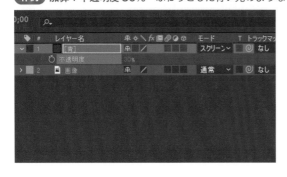

オーバーレイ

【青】を乗せると、暗く色が合成されます。レイヤーの【不透明度】で合成具合を調整します。

作例 オーバーレイ＋不透明度 70%　明るい部分に青が焼き込み暗いトーンに

ソフトライト

【青】を乗せると、青い光を当てたように合成されます。レイヤーの【不透明度】で合成具合を調整します。

作例 ソフトライト＋不透明度 70%　オーバーレイよりも少しソフトなトーンに

減算

【青】を乗せると、青成分がなくなっていくように合成されます。レイヤーの【不透明度】で合成具合を調整します。

作例 減算＋不透明度 100%　青成分がなくなり暖色なトーンに

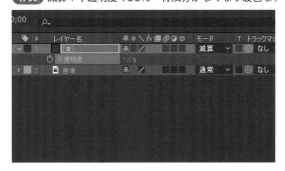

::【描画モード】のカテゴリ

【描画モード】は、(「通常」を除いて)大きく7つのカテゴリに分かれています。

それぞれの描画方法には決まった合成処理が行われますが、実際に試しながら使い分けていきましょう。

使い慣れてくると、徐々に「この設定を選べば、こんな感じの質感ができるだろう」と感覚的に予測できるようになります。

項目名	説明	種類
「通常」カテゴリ	光を混ぜ合わせるように 色が明るくなる傾向があります	● 通常 ● ディザ合成 ● ダイナミックディザ合成
「減算」カテゴリ	色が暗くなる傾向があります	● 比較(暗) ● 乗算 ● 焼き込みカラー ● 焼き込みカラー(クラシック) ● 焼き込みリニア ● カラー比較(暗)
「加算」カテゴリ	光を混ぜ合わせるように 色が明るくなる傾向があります	● 加算 ● 比較(明) ● スクリーン ● 覆い焼きカラー ● 覆い焼きカラー(クラシック) ● 覆い焼きリニア ● カラー比較(明)
「複雑」カテゴリ	ソースカラーと基本色のいずれかが 50%グレーよりも明るいかどうかに よって、異なる処理が行われます	● オーバーレイ ● ソフトライト ● ハードライト ● リニアライト ● ビビッドライト ● ピンライト ● ハードミックス
「差」カテゴリ	ソースカラーと基本色の値の差に 基づいて色が作成されます	● 差 ● 差(クラシック) ● 除外 ● 減算 ● 除算
「HSL」カテゴリ	色のHSL(色相／彩度／輝度)の1つ または複数の要素が、そのまま基本色 から結果色に適用されます	● 色相 ● 彩度 ● カラー ● 輝度
「マット」カテゴリ	ソースレイヤーが、その下のすべての レイヤーのマットに変換されます	● ステンシルアルファ ● ステンシルルミナンスキー ● シルエットアルファ ● シルエットルミナンスキー
「ユーティリティ」カテゴリ	特別なユーティリティの機能を 適用します	● アルファ追加 ● ルミナンスキープリマルチプライ

■■■■■

Chapter

5

よく使うエフェクト

After Effectsには、さまざまな表現ができるエフェクトが数多く搭載されています。すべて
を理解することは困難ですし、その必要もありません。作り手によって、よく使うものとほとん
ど使用しないものがあるからです。ここでは、一般的によく使うエフェクトをピックアップして
紹介していきます。

1 【ドロップシャドウ】で影を付ける

影を付けて輪郭を目立たせたり、背景との距離を表現します。

:: 【ドロップシャドウ】とは

　レイヤーに影を付けるエフェクトです。文字を目立たせる際によく使われます。また、レイヤーとレイヤーの重なりに影を設定することで、疑似的にレイヤーの前後の距離感を表現することができます。

【ドロップシャドウ】なし

【ドロップシャドウ】あり

【ドロップシャドウ】の設定項目

Ae【サンプルデータ 5-1-1】

項目	概要
❶ シャドウのカラー	影の色を設定します
❷ 不透明度	影の濃さを設定します
❸ 方向	影を落とす向きを設定します
❹ 距離	元素材と影の距離を設定します
❺ 柔らかさ	影の滲み具合を設定します
❻ シャドウのみ	元素材を非表示にして影だけを表示します

【ドロップシャドウ】の設定操作

適用する素材を選択して、【エフェクト】➡【遠近】➡【ドロップシャドウ】**1**を選択します。

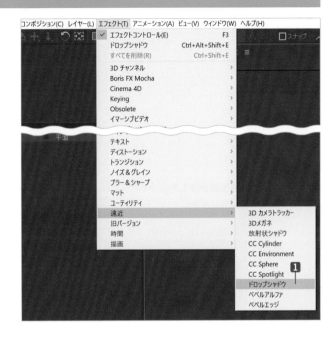

光源をイメージして光と影を表現しよう

実際の影は、光源（太陽や照明など）の位置と強さ、被写体と背景の距離によってその描画が変化します。
モーショングラフィックスでも実際の光源をイメージして作ると、いい感じの質感と奥行き感を作ることができます。

例えば、ここでは画面の左上に光源（電球）があると仮定して影を設定すると、影の方向**1**は光源の反対側である右下になります。
ここでは、【方向】を【135】に設定します。

文字と背景の前後の距離感を【ドロップシャドウ】の【距離】**2**で調整します。
このように、平面的なグラフィックに擬似的な距離感を持たせることができます。

さらにアレンジとして、簡易的な光を作成します。白い平面を作成して、影の反対側に斜めのマスクを【ペンツール】でざっくり描きます。

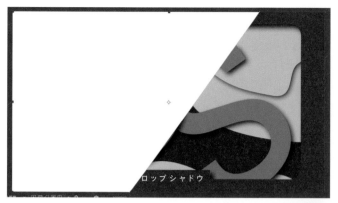

マスクの【境界線をぼかす】でぼかして、グラデーションを適用します。

平面の【描画モード】を【ソフトライト】などに設定して、【不透明度】で明るさを調整します。これだけでも、簡易的に影に対する光を表現することができます。

実際の光と影を観察してみよう

光源と影の関係は、実際に試してみるとすぐにわかります。例えば、机の上にノートをかざして光を当てます。

ライトの位置を変えたり、ノートと机の距離を変えたりしながら、その変化を観察してみましょう。

Section 5
2
ブラーでぼかす演出

ぼかしは一見地味ながらさまざまな使い方があり、仕上がりの世界観やクオリティに大きく影響します。自分なり
の使い方を見つけて、積極的に使っていきましょう。

∷ ブラーの概念

ブラーは「ボケ」の英単語「blur」のことです。After Effectsでは「ボケ」を追加するエフェクトのことを指します。ブ
ラーエフェクトといってもたくさんの種類があり、その違いはボケ方にあります。例えば、一眼カメラでもカメラとレン
ズの組み合わせが変わればボケ方が変わり、作品のイメージが変化します。

ボケ方1つで表現が変わる突き詰めると深い世界なのですが、今回は基礎的な使い方として【高速ボックスブラー】で
ボケの使い方を学びましょう。

多種多様な【ブラー】エフェクト

Ae 【サンプルデータ5-2-1】

After Effectsの【ブラー＆シャープ】サブメ
ニューには、標準機能だけでも複数のブラーエ
フェクトが用意されています。

今回使用するのは、基本となる【高速ボックス
ブラー】■です。【高速ボックスブラー】の一番の
特徴は処理が軽いことです。雰囲気でボカしたり
滲ませるときに重宝します。

ブラーの種類によってボケ方が異なるので、作
成できる表現と手法も変化します。

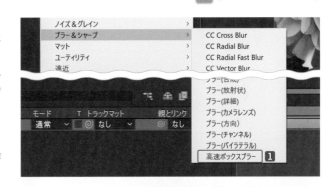

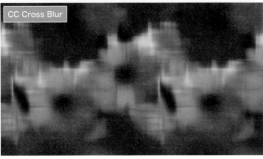

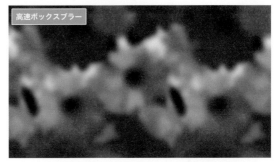

∷【ブラー】エフェクトの適用方法

　ブラーを適用する素材をタイムラインで選択して、【エフェクト】➡【ブラー&シャープ】➡【高速ボックスブラー】**1**を選択してエフェクトを適用します。

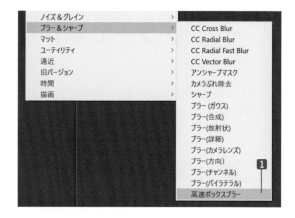

　【高速ボックスブラー】が適用されます。
　【ブラーの半径】**2**の数値でボケ具合を調整します。数値を上げると、ボケの具合が増します。

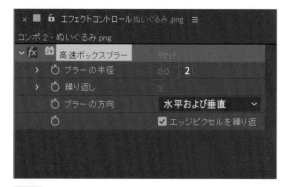

適用前

適用後

　初期設定では、【エッジピクセルを繰り返す】にチェックが入っています**3**。
　【エッジピクセルを繰り返す】を選択すると、画面の外側との境界線もきれいにボケるので、ほとんどの場合は有効のまま使用します。

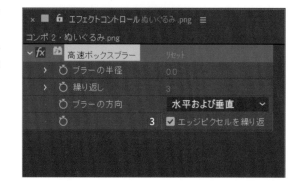

【エッジピクセルを繰り返す】のチェックを外すと❹、画面の外側との境界線が出てしまいます。

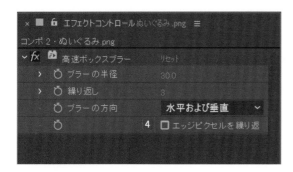 

【繰り返し】❺の数値を増減すると、ボケの形や深さが変わります。

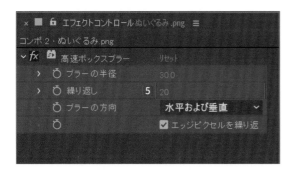 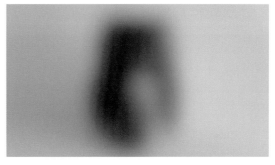

【ブラーの方向】❻を【水平】に変更すると、横方向にボケます。

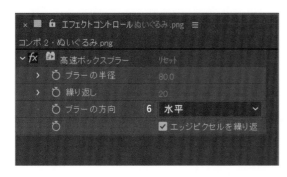 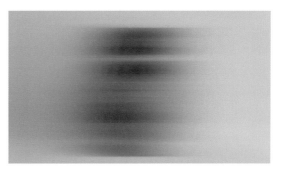

【ブラーの方向】❼を【垂直】に変更すると、縦方向にボケます。

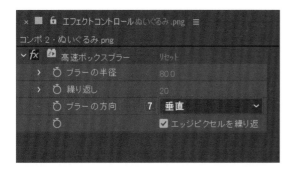 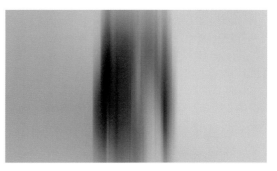

Chapter
5

ブラーの使用例 ❶ ／ 背景をぼかす

Ae 【サンプルデータ 5-2-2】

サンプルデータを開いて再生すると、文字が出現してから背景がぼけていくのが確認できます。

ブラーの種類によってボケ方が異なるので、雰囲気や質感が変化します。

ブラーの使用例 ❷ ／ 画面の縁をぼかす

Ae 【サンプルデータ 5-2-3】

サンプルデータを開くと、イラストの木の周りがボケているのが確認できます。

同じ素材を重ねて配置し、上のレイヤーにブラーを適用します。そこに楕円形マスクを作成してマスクを反転し、境界線をぼかしてマスクの外側だけボケるようにします。

これは、映像の質感や雰囲気作りでよく使われる手法です。さらに【描画モード】や【色調補正】も加えると、雰囲気を変えることができます。

ブラーの使用例 ❸ ／ **タイトルアニメーション**

Ae【サンプルデータ5-2-4】

　サンプルデータを開いて【タイトル】コンポジションを再生すると、ボケた状態から文字が出現してくっきりするのが確認できます。

　これも【ブラーの半径】の数値をキーフレームで減らして表現しています。
　トランスフォームとブラーを組み合わせるだけでも、一味違った表現を作ることができます。

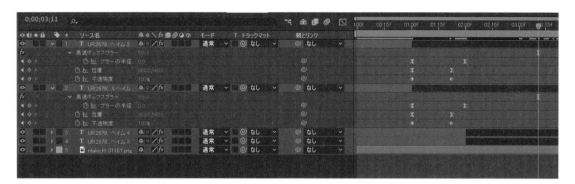

応用編　**ブラーの種類で表現を変化**

　例えば【エフェクト】➡【ブラー＆シャープ】➡【CC Radial Fast Blur】を使うと、ブラーの中心点が設定できます。中心点をキーフレームで動かすことで、このようなタイトルバースト演出を作ることもできます。
　同じ使い方でも、ボケ方の違いでまったく異なる表現が生まれます。

　サンプルデータの【タイトル応用】コンポジションは、【Center】（中心）と【Amount】（ボケの量）の数値をキーフレームで動かして表現しています。
　こちらも、古典的で使い勝手の良いタイトル表現の1つです。

ブラーの使用例 ④ ／ 距離感を表現

Ae【サンプルデータ5-2-5】

　サンプルデータを開いて【距離感】コンポジ
ションを再生すると、手前と奥のレイヤーがボケ
ているのが確認できます。

　例えば、実際にカメラで撮影する際に行うフォーカス送りをブラーで再現することで、被写体の距離感を演出すること
ができます。

　作り方も簡単で、手前と奥のレイヤーの【ブラーの半径】が増減するキーフレームの設定を逆にするだけです。

ブラーの使用例 ⑤ ／ トランジション

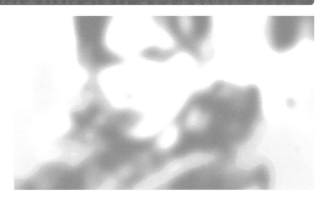

Ae【サンプルデータ5-2-6】

　サンプルデータを開いて【フラッシュ】コンポ
ジションを再生すると、画面フラッシュに合わせ
て画面がぼけるのが確認できます。

　カットが切り替わるときに一瞬ぼかすことでアクセントを作ることができます。白い平面を【描画モード】で重ねると、
いい感じのフラッシュ演出になります。

　【描画モード】の【加算】や【スクリーン】を変えるだけでも雰囲気が大きく変わります。さまざまな組み合わせを試し
てみましょう。

Section 5
3
クロマキー合成の作り方

グリーンやブルーの背景で撮影した動画の背景をエフェクトで切り抜いて、画像を合成する方法を学びましょう。

⠿ クロマキー合成の概要

クロマキー合成は、単色の「**緑**」や「**青**」の部分を指定してその色を自動で削除して、被写体を切り抜く手法です。削除した背景は透過するので、被写体の後ろに別の素材が配置できるようになります。元々は実写素材の背景を切り抜く用途がメインで使われていましたが、最近ではアバターの合成にも使われるケースが増えてきています。

「緑」と「青」が使われる理由

背景に「緑」や「青」が使われるのは、人の肌の色への影響が少なく、被写体をきれいに切り抜くことができるというのがその理由とされています。「緑」と「青」の使い分けは、被写体の色と同じにならない方を選択します。

例えば「青い服」を着て撮影する場合は、グリーンバックを使うなどです。外国人やカラーコンタクトの場合は、目の色にも注意が必要です。

きれいに切り抜くための実写撮影のポイント

① 被写体と背景の色は、被らないようにする。

② 撮影空間を明るくして、できるだけノイズを減らす。

③ 背景の色は、しわ、影、色むらができるだけ出ないように撮影する。

④ 被写界深度を深くして、被写体がボケないようにする。

⑤ シャッタースピードを速くして、被写体の輪郭をくっきりさせる。

❶は絶対条件です。❷～❺は可能なものから取り入れつつ、シチュエーションに合った最適な設定を試しながら見つけてください。

∷ クロマキー合成の手順

グリーンバックかブルーバックで撮影した素材を事前に準備します。今回は、アバターで撮影したものを使用します。

Ae 【サンプルデータ 5-3-1】

　サンプルデータを開くと、【切り抜き】コンポ
ジションに撮影した動画素材が配置されていま
す。この動画を切り抜きます。

　【Keylight】エフェクトを使って切り抜きま
す。【アバター】レイヤーを選択して、【エフェク
ト】➡【Keying】➡【Keylight】■1■ を選択しま
す。

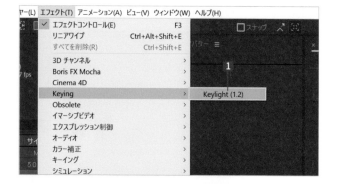

　【エフェクトコントロール】パネルに
【Keylight】■2■ が追加されました。
　【Screen Colour】の【スポイト】で削除する
色を選択して、【スポイト】■3■ をクリックしま
す。

　【スポイト】でプレビュー画面の「緑」■4■ をク
リックします。

これで、切り抜く「**緑**」**5**が選択できました。

実写素材の場合は被写体との境界線あたりの「**緑**」を選択すると、きれいに切り抜けるケースが多いです。

これはケースバイケースなので、素材ごとに最適な場所をトライ＆エラーで探してみましょう。

これで大まかに切り抜くことができました。再生して確認してみると境界線に緑が残っていたり、実写の場合はノイズも残ったりします。

ここから、切り抜きをきれいに調整していきます。

現在の切り抜き状態を確認するために、表示を変更します。

【Keylight】の【View】を【Screen Matte】**6**に変更します。

表示が白黒になりました。白が切り抜く範囲、黒が削除する範囲として表示したものです。グレーの部分は半透明の状態で、ノイズになっています。

きれいに切り抜くために、これをできる限り白と黒の状態にします。

被写体の白部分を調整します。
【Keylight】の【Screen Matte】タ
ブを開き、【Clip White】**7**の数値を
左右にドラッグして増減します。

被写体の部分が白になるように調整
します。今回のケースでは、【Clip
White】を【60】に設定します。

これできれいな白に設定できたの
で、再生して確認します。再生してノ
イズ部分がある場合は、再調整します。

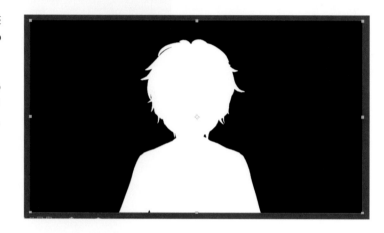

削除する黒部分を調整します。
【Screen Matte】の【Clip Black】
8の数値を左右にドラッグして、増減
します。

輪郭に影響を与えすぎない程度に数
値を増やして、削除する範囲を黒にし
ます。ここでは、【Clip Black】を【40】
に設定します。

きれいな白黒に設定できたので、再
生して確認します。ノイズが発生する
場合は、再調整します。

表示を元に戻します。【View】を
【Final Result】**9**に変更します。

境界線に緑が残っている場合は、
【Clip Black】の数値を上げて輪郭の
ギリギリを攻めます。

切り抜きはきれいにできています
が、抜いた色に近い色が変色している
場合は、【Screen Balance】**10**の数
値を増減して調整します。

ここでは【Screen Balance】を
【25】に設定して、切り抜きの完成で
す。

アバター以外が透過しているので、
【アバター】レイヤーの下に別途作成し
た背景アニメーションを配置すること
で合成できます。

4 ロトブラシを使った切り抜き

ロトブラシを使うと、「緑」や「青」の背景ではない普通の動画から被写体を切り抜くことができます。

:: ロトブラシの概要

普通に撮影した動画から被写体を選択して、動画の解析を行うことで自動的に切り抜きを行います。切り抜きの精度はクロマキーほど高くないですが、切り抜き品質の高さがそれほど重要ではない場合には、効果的に使うことができます。

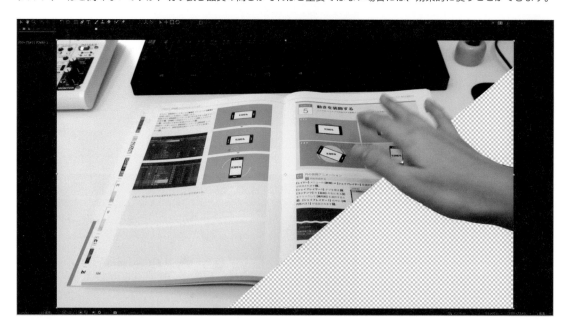

:: ロトブラシを使う前に

最初に、ロトブラシを使うために知っておくべき基礎知識を理解しておきましょう。

動画の解析について

ロトブラシは、1フレームだけ設定した切り抜き範囲を、動画の解析によって自動追尾するエフェクトです。

使用する動画ファイルとコンポジションのフレームレートを一致させます。

コンポジションを作る際に、【プロジェクト】パネルに記載のフレームレート**1**と同じであることを確認してください。

∷ ロトブラシの使用手順

　実際にロトブラシで切り抜きを行ってみましょう。切り抜きの精度は高くないので、実際にどの程度使えるものかという視点も意識して試してください。

切り抜く被写体の輪郭を作成

Ae【サンプルデータ5-4-1】

　サンプルデータの【切り抜き】コンポジションを再生すると、本を指でタップしてピンチするのが確認できます。この手を切り抜きます。

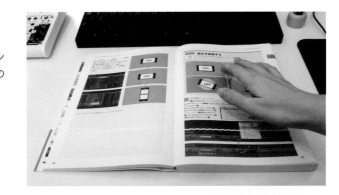

　タイムラインに【本1】と【本2】の2つのレイヤーがありますが、これらは複製配置した同じ動画です。上にある【本1】を切り抜いて、【本2】はそのまま背景として使用します。

　そうすることで、手と本の間にレイヤーを差し込めるようになります。

　まず、動画から切り抜く範囲を設定します。切り抜く【本1】レイヤーの使用範囲を最初に手が入ってくる【1秒5フレーム】**1**から最後に手が消える【4秒28フレーム】**2**にレイヤーの両端（イン点とアウト点）をドラッグして縮めます。

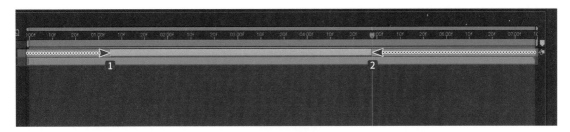

　【本1】レイヤー**3**をダブルクリックします。

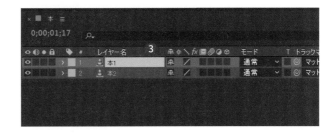

【本1】の【レイヤー】パネル4が表示されます。切り抜き範囲の作成は、【レイヤー】パネルに書き込みます。

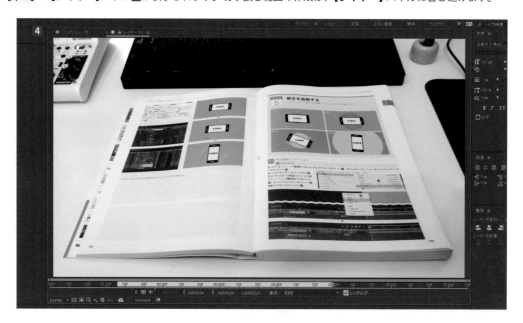

切り抜き範囲を選択して、【ロトブラシ】ツール5を選択します。

【現在の時間インジケーター】■を手が表示される【1秒7フレーム】6に移動します。

【レイヤー】パネルの画面上をドラッグしてざっくり指の輪郭の内側を囲みます7。

このとき、境界線のギリギリをなぞる必要はありません。確実に内側をなぞってください。

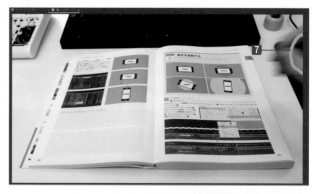

自動的に選択範囲が作成されます8。

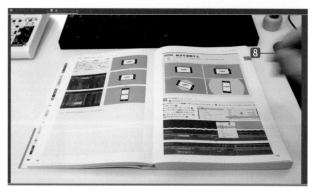

おおよその範囲は囲まれているので、調整を行います。範囲を追加する場合は、そのまま追加する部分をドラッグします。

範囲を削除する場合は、 Alt / option キーを押しながらドラッグして、手だけが選択される状態にします。

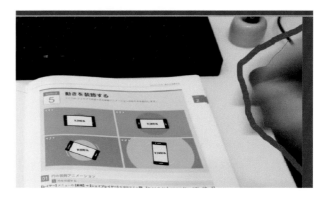

ここでは Alt / option キーを押しながらドラッグして、手の外側の不要な部分を選択範囲から削除します。

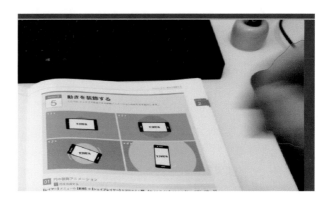

図のように範囲が修正されました。

手がぶれていて厳密な選択範囲を作成するのは難しいので、このぐらいの精度で使うのが現実的です。

【コンポジション】タブ 9 をクリックして【コンポジション】パネルに戻り、切り抜き具合を確認してみましょう。

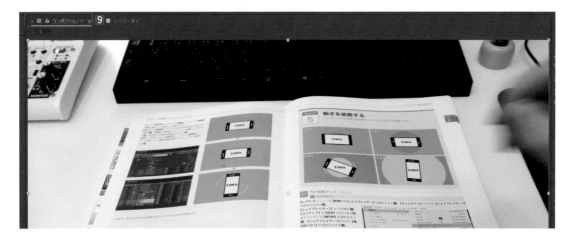

タイムラインの【本2】を非表示10にします。

手が切り抜けているのが確認できます11。
あまりきれいな切り抜きではありませんが、背景に元の動画をそのまま使うような場合は、このぐらいでも十分に使えます。

続けて、切り抜きを行います。【レイヤー本1】タブ12をクリックして、【レイヤー】パネルを開きます。

Ctrl/command ＋ → キーを押して【現在の時間インジケーター】を1フレーム進めると、自動検出でざっくりと選択範囲が作成13されます。

この範囲を最初と同様にドラッグで調整します。範囲の追加はそのままドラッグ、範囲の削除は Alt / option キーを押しながらドラッグします。

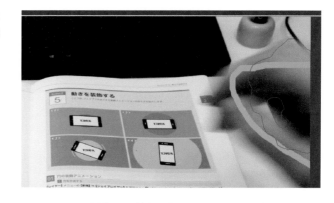

手だけが選択される状態にします。この操作を繰り返して、1フレームずつ範囲を調整していきます。

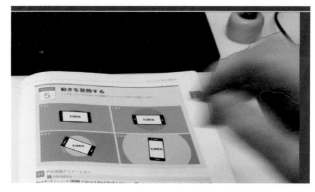

Ctrl / command ＋ → キーを押して1フレーム進めて範囲を調整します。
　どんどん進めていきましょう。

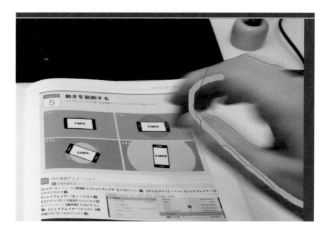

切り抜く被写体の形状が連続してくると自動選択の精度も上がってきて、調整が楽になる部分もあります。
　今回は実際に使える精度を理解してもらうためにあえて難しい素材を使用していますが、動きが少ない人物のような場合には、もう少しスムーズに使えることもあります。

　タップが終わって手を引っ込めた後は、次のピンチも手が表示される最初の【3秒7フレーム】から同じ操作で範囲を作成します。

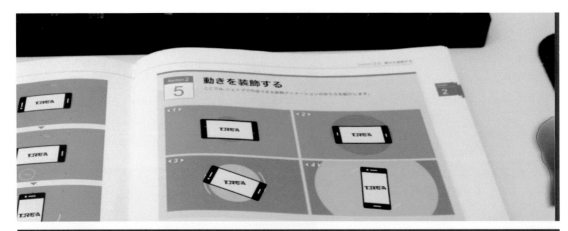

　最後まで範囲が作成できたら、切り抜きの完成です。自動選択でピンチの指がある程度きれいに選択できているのではないでしょうか。

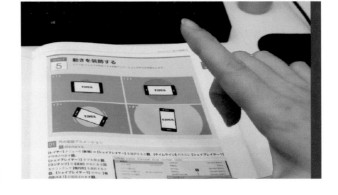

　【コンポジション】タブ⓮をクリックして【コンポジション】パネルに戻り、切り抜き具合を確認してみましょう。

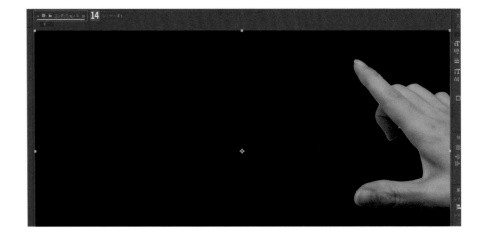

切り抜き結果**15**を確認します。きれいに抜けていない部分があれば、【レイヤー】パネルに戻って範囲を修正します。

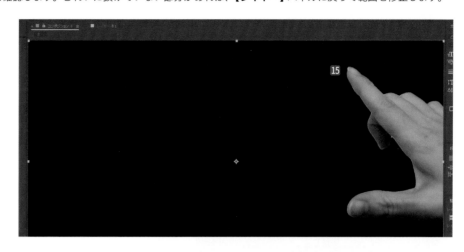

【本1】と【本2】の間にレイヤー**16**を配置すると、手と本の間に合成できるようになります。

※このテキストは、3Dレイヤーとして本の向きに合わせて配置しています。3Dレイヤーについては、Chapter 6で解説します。

【ロトブラシ】ツールを使った切り抜きは過度な期待をしないで、事前に簡単なテストをして目的のクオリティ的に問題がないか確認してから使うのがおすすめです。

また、カメラの手ブレに合わせて合成を行うことで、面白い表現を作ることができます。

カメラの動きに合わせる動きは、304ページを参照してください。

5 【フラクタルノイズ】で模様を作成する

【フラクタルノイズ】は、幾何学的構造で生成されるグラフィックノイズです。構造を変化させてアニメーションさせることで、雲や煙、光線や模様など、さまざまな疑似的表現を作ることができます。

【フラクタルノイズ】の主な設定項目

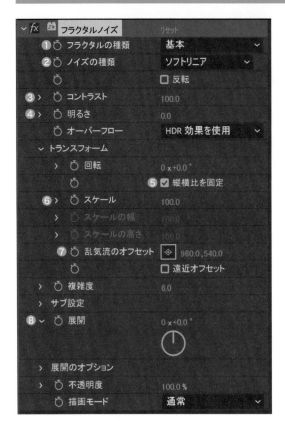

主な設定項目	概要
❶ フラクタルの種類	フラクタルとノイズの組み合わせで基本形状を設定します
❷ ノイズの種類	
❸ コントラスト	コントラストと明るさのバランスでノイズの見え方を設定します
❹ 明るさ	
❺ 縦横比を固定	ノイズ形状の縦横比固定を設定します
❻ スケール	ノイズの大きさを設定します
❼ 乱気流のオフセット	ノイズを上下左右に移動する設定です
❽ 展開	ノイズの形状を変化させる設定です

:: 【フラクタルノイズ】の設定操作

　【フラクタルノイズ】を適用する平面をタイムラインで選択して、【エフェクト】➡【ノイズ＆グレイン】➡【フラクタルノイズ】 **1** を選択します。

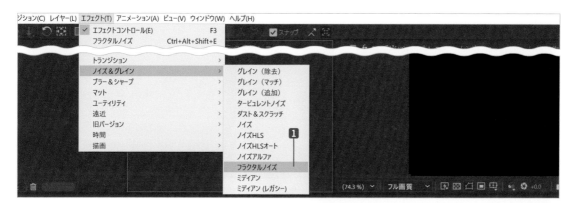

　【フラクタルの種類】**2** と【ノイズの種類】**3** をクリックして **4**、リストから選択します。

　この組み合わせで、イメージに近いベース形状を選択します。

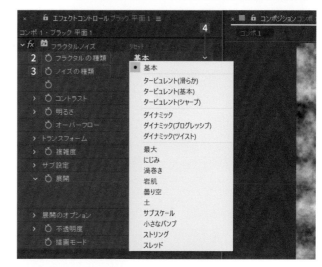

　ここでは霧を作成するので、いくつかの組み合わせを試してイメージに近かった【基本】**5** と【スプライン】**6** を選択します。

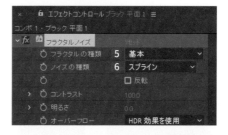

　図のようなノイズが作成されます。

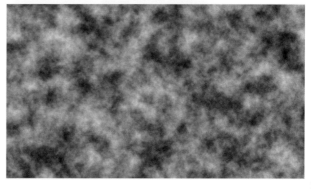

　【コントラスト】と【明るさ】の数値を左右にドラッグして増減しながらバランスを調整します。薄い霧のような見た目に調整します。数値を変えながらその変化を確認して、いい感じの設定を見つけます。

　ここでは【コントラスト】を【75】**7**、【明るさ】を【-40】**8**に設定してみました。

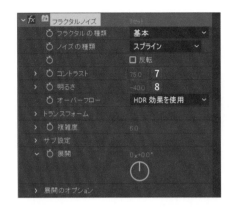

　【トランスフォーム】**9**の中のタブを開いて、【スケール】の数値で全体的なサイズ感を調整します。

　ここでは【スケール】を【135】**10**に設定して、ノイズを少し拡大します。

　【展開】**11**の数値を変えると、ノイズの形状が変化します。

　キーフレームで時間ごとに設定すると、形状が変化する霧のアニメーションになります。

必須機能！エクスプレッションで動き続けるようにする

【展開】や【回転】のように周期を設定する項目は、キーフレームを設定しなくても**エクスプレッション**で簡単に動き続けるように設定できます。

これはよく使うので、確実に覚えておきましょう！

【展開】の【ストップウォッチ】◎**1** を Alt/option キーを押しながらクリックすると、**エクスプレッション**入力モード**2** になります。

【time*360】**3** と入力して、入力欄の外側をクリックして確定します。

再生して確認すると、ノイズ形状が変化し続けるようになりました。

入力した**エクスプレッション**の指示を人の言葉に翻訳すると、「**時間×数値**」となります。

この【展開】に対する効果は、「**1秒間に360°の速度で回り続ける**」というものになります。数値を変えると、動きの速度が変わります。

time*数値

とても簡単ですね。是非、ここで覚えてしまいましょう！

　霧にするには動きが速すぎるので、数値を減らして動きをゆっくりにします。**エクスプレッション**構文をクリックして、数値を**【100】4**に変更します。

　これでゆっくり動くようになり、モヤモヤが変化し続ける霧のようなノイズが作成できました。

　さらに、霧全体を横に流れるようにします。

　【乱気流のオフセット】5でノイズ全体を左右と上下に動かすことができるので、キーフレームで横に移動させます。

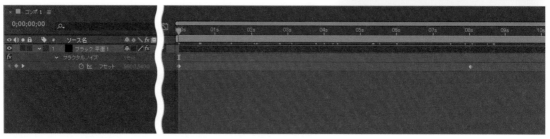

【サンプルデータ5-5-1】

　この**【フラクタルノイズ】**のレイヤーを素材の上に配置して、**【描画モード】**を**【スクリーン】**などに変更します。**【不透明度】**で乗せ具合を調整すると、霧の合成が完成です。

　例えば、静止画の空に動く霧を合成するだけでも、空気感のある表現になります。

フラクラルノイズなし

フラクラルノイズあり

フラクタルノイズの使用例❶ / 流れる雲

Ae【サンプルデータ 5-5-2】

【フラクタルノイズ】で作った流れる雲です。

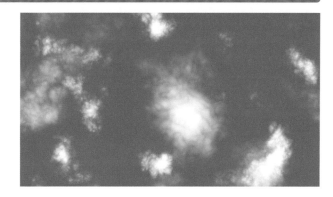

作り方は前述した霧と全く同じ方法ですが、形状の異なる【フラクタルノイズ】を複数のレイヤーで組み合わせることで、雲を表現しています。

フラクタルノイズの使用例❷ / 光の揺らぎ

Ae【サンプルデータ 5-5-3】

再生すると、光の揺らぎが確認できます。
【フラクタルノイズ】の【スケール】を極端に大きくして、揺らぎを表現しています。
【トライトーン】でカラーを設定して、【高速ボックスブラー】で輪郭を柔らかくしています。

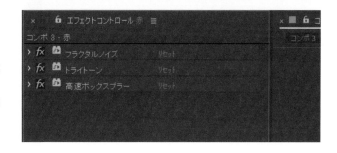

フラクラルノイズなし

フラクラルノイズあり

フラクタルノイズの使用例 ❸ / 効果線

Ae【サンプルデータ 5-5-4】

再生すると、走る車が確認できます。【**フラクタルノイ
ズ**】の【**スケール**】を極端に横長にして、【**展開**】で変化を
付けて表現しています。

スピード感や勢いを表現するアニメ演出としてよく使
われます。

フラクラルノイズなし

フラクラルノイズあり

フラクタルノイズの使用例 ❹ / 光のカーテン

Ae【サンプルデータ 5-5-5】

再生すると、揺らぐ入射光が確認できます。【**フラクタ
ルノイズ**】の【**スケール**】を極端に縦長にして、【**コーナー
ピン**】エフェクトで変形させて表現しています。

【**コーナーピン**】は四隅の点をドラッグで移動させて変
形できるシンプルなエフェクトです。

【**エフェクト**】➡【**ディストーション**】➡【**コーナーピ
ン**】から適用します。

フラクラルノイズなし

フラクラルノイズあり

フラクタルノイズの使用例 ❺　集中線

Ae【サンプルデータ 5-5-6】

　再生すると、集中線が確認できます。縦長の【フラクタルノイズ】を【極座標】エフェクトで円形に歪めて作成します。合成用のコンポで重ねて、マスクで中央を切り抜いています。

　【極座標】は素材を円形に歪めることができるエフェクトです。【エフェクト】➡【ディストーション】➡【極座標】から適用します。

フラクラルノイズなし

フラクラルノイズあり

フラクタルノイズの使用例 ❻　アナログ質感

Ae【サンプルデータ 5-5-7】

　再生すると、アナログなノイズが確認できます。形や大きさの異なる【フラクタルノイズ】を組み合わせることで、さまざまな形状のノイズを作ることができます。

フラクラルノイズなし

フラクラルノイズあり

6 【タービュレントディスプレイス】で ウネウネを作る

【タービュレントディスプレイス】は、レイヤー形状をウネウネと歪ませるエフェクトです。工夫次第でさまざまな揺れやうねりのアニメーションを表現することができます。

::【タービュレントディスプレイス】の主な設定項目

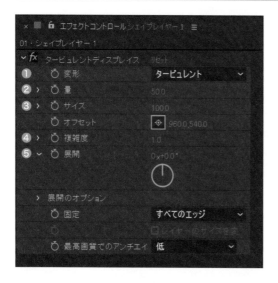

主な設定項目	概要
❶ 変形	変形の基本形状を選択します
❷ 量	変形の深さを設定します
❸ サイズ	変形のうねりの大きさを設定します
❹ 複雑度	うねりの形状の複雑さを設定します
❺ 展開	うねりの形状を変化させる設定です

:: 【タービュレントディスプレイス】の設定操作

【タービュレントディスプレイス】を適用する素材をタイムラインで選択して、【エフェクト】➡【ディストーション】
➡【タービュレントディスプレイス】**1**を選択します。

正方形のシェイプに適用すると、それだけで形状が歪みます。この歪みは、さまざまな演出効果として使用することが
できます。

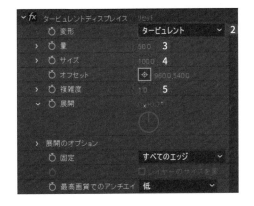

【タービュレントディスプレイス】なし

【タービュレントディスプレイス】あり

【変形】**2**で基本形状を選択して、【量】**3**や【サイズ】**4**、【複雑度】**5**の数値を増減して、うねりの形状を作ります。
　続けて、【フラクタルノイズ】と同様に【展開】にエクスプレッション【time＊数値】**6**（詳細は241ページを参照）を適
用すると、うねりアニメーションが作成できます。

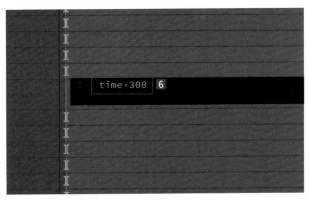

タービュレントディスプレイスの使用例 ❶ / 蜃気楼の揺らぎ

Ae【サンプルデータ5-6-1】

　再生すると、画面の揺らぎが確認できます。全体に適用すると、蜃気楼のような揺らぎになります。レイヤーを分けて草や煙だけに適用すると、揺れやうねり感を表現することもできます。

　実際は、【展開】を【time*数値】❶で動かしているだけです。揺れ具合を【量】❷と【サイズ】❸の数値で調整します。

タービュレントディスプレイスの使用例 ❷ / やさしい文字揺らぎ

Ae【サンプルデータ5-6-2】

　再生すると、文字の揺らぎが確認できます。
【フラクタルノイズ】を背景に使うと相性良くまとまるので、おすすめです。

　動きは【展開】の数値を変えた停止のキーフレームを複数設定し、【loopOut】❶（詳細は161ページを参照）で繰り返しているだけです。揺れ具合を【量】❷と【サイズ】❸の数値で調整します。

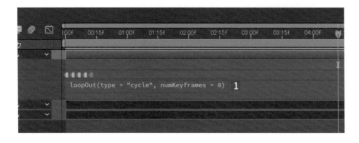

タービュレントディスプレイスの使用例 ❸ / 液体モーション

Ae 【サンプルデータ5-6-3】

　【液体トランジション】コンポジションを再生すると、液体が広がってカットが切り替わります。

　線が渦巻き状に伸びていくアニメーションに、うねりを加えて表現しています。

　これで、画面が黒から白になるように作成したものを、トラックマットでテキストの表示範囲として使用しています。

タービュレントディスプレイスの使用例 ❹ / 電気ラインアニメーション

Ae 【サンプルデータ5-6-4】

　再生すると、文字に電気ラインの装飾が確認できます。背景画像のクラゲの揺らぎも、**【タービュレントディスプレイス】**で表現しています。

　電気ラインはシェイプの細い白線を**【タービュレントディスプレイス】**で歪めて、**【グロー】**で縁に色を入れて表現します。点滅は**【不透明度】**で設定します。

Section 5

7 【モーションタイル】で 繰り返し配置する

【モーションタイル】を使うと、レイヤーをタイル状に繰り返して配置することができます。模様や特徴的な動きを作成できます。

::【モーションタイル】の主な設定項目

主な設定項目	概要
❶ タイルの中心	タイル全体の位置を設定します
❷ 出力幅	繰り返し配置する横幅を設定します
❸ 出力高さ	繰り返し配置する縦幅を設定します
❹ ミラーエッジ	反転して繰り返す設定をします
❺ フェーズ	タイルの並びをずらす設定をします

∷【モーションタイル】の設定操作

【モーションタイル】を適用するレイヤーをタイムラインで選択して、【エフェクト】➡【スタイライズ】➡【モーションタイル】**1**を選択します。

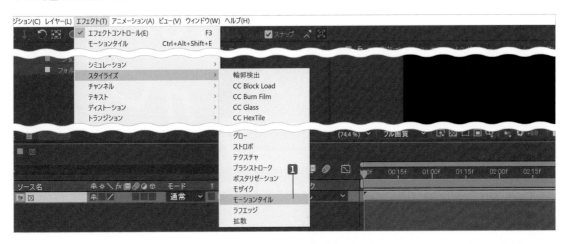

【出力幅】と【出力高さ】の数値を増やすと、レイヤーが繰り返されます。

Ae【サンプルデータ5-7-1】

模様を作る場合は、コンポジションレイヤーに適用します。例えば、【図】専用の正方形のコンポジションを作成してその中で柄を作成し、その【図】コンポジションを編集用のコンポジションに配置して【モーションタイル】を適用することで、パターンを模様化することができます。

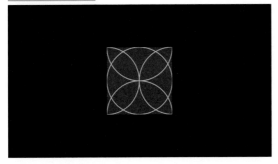

【フェーズ】で並びをずらすことができます。

モーションタイルの使用例 ❶ ／ スクロール演出

Ae【サンプルデータ5-7-2】

　再生すると、文字のスクロールが確認できます。斜めに傾けるのは、編集用のコンポジションに【スクロール】コンポジションを配置して、【回転】で行っています。

　このとき、【スクロール】コンポジションのサイズは大きめに作成しておきます。

　【スクロール】コンポジションの中は、それぞれの【テキスト】レイヤーに【モーションタイル】を適用し、個別に【タイルの中心】で動かしています。

モーションタイルの使用例 ❷ ／ ズームトランジション

Ae【サンプルデータ5-7-3】

　再生すると、ズームでカットが切り替わるのが確認できます。**カット1**（山）を等倍から拡大し、**カット2**（犬）を縮小から等倍にする動きを入れ替わるように同時に行うことで表現しています。

　縮小した**カット2**（犬）の外側の何もない部分を視覚的に埋める役割として、【モーションタイル】の【ミラーエッジ】で拡張しています。

　表示されるのが一瞬なので、違和感なく見えるようになります。

モーションタイルの使用例 ❸　　**画面の縦ブレ**

Ae【サンプルデータ5-7-4】

　再生すると、バグのような縦ブレが確認できます。【モーションタイル】の【タイルの中心】のY軸のみを動かすことで、簡単に作成することができます。

　色補正やノイズエフェクトなどと組み合わせることで、古いフィルムのような演出としてもよく使われます。

モーションタイルの使用例 ❹　　**画面の振動揺れ**

Ae【サンプルデータ5-7-5】

　再生すると、地震のような振動揺れを確認することができます。

　揺れは【タイルの中心】で上下左右に小刻みに動かしています。揺らしたことで切れてしまう外側の部分を、【ミラーエッジ】**1**で補います。

Section 5

8 【調整レイヤー】でエフェクト一括適用

【調整レイヤー】に適用したエフェクトは、そのレイヤーの下にあるすべてのレイヤーに一括で適用されます。

∷【調整レイヤー】の概要

　【調整レイヤー】を作成すると、見えない平面レイヤーとしてタイムラインに配置されます。【調整レイヤー】に適用したエフェクトは、そのレイヤーの下にあるすべてのレイヤーに一括で適用されます。例えば、一番上に配置した【調整レイヤー】1に【色調補正】エフェクトを適用すると、その下にあるすべてのレイヤーに同じ効果が適用されます。

　効果を適用させたくないレイヤー、例えば【テロップ】を適用外にする場合は、【テロップ】レイヤー2を【調整レイヤー】3の上に配置します。【調整レイヤー】は効果の範囲を個々に設定することができません。
　基準は【調整レイヤー】の上にあるか下にあるかだけなので、使用する際にはレイヤーの順序に工夫が必要です。

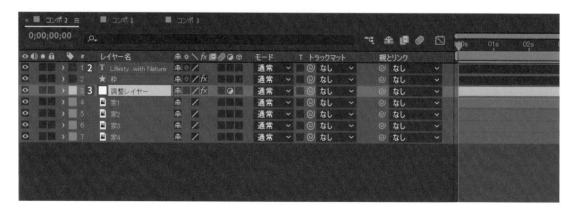

:: 【調整レイヤー】の使用手順

ここでは【トーンカーブ】を例にして、【調整レイヤー】を使用してみましょう。

Ae【サンプルデータ5-8-1】

サンプルデータを開くと、4枚のスライド画像の上にテキストが配置されています。

ここに【調整レイヤー】を使用して、一括で【トーンカーブ】を適用します。

タイムラインの何もない部分をクリックしてから、【レイヤー】➡【新規】➡【調整レイヤー】（ Ctrl/command ＋ Alt/option ＋ Y ）**1** を選択します。

これで【調整レイヤー】が作成できました。レイヤーとして存在しますが、これだけでは何も変化はありません。

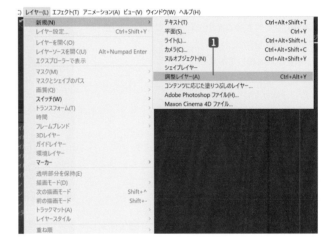

> **TIPS** 新規レイヤー作成時の配置
>
> 新規平面や【調整レイヤー】などの新しいレイヤーを作成する際にレイヤーを選択した状態で行うと、選択したレイヤーの上にレイヤーが作成されます。レイヤーを何も選択していない状態で行うと、レイヤーの最上部に作成されます。

例として【トーンカーブ】を適用します。タイムラインの【調整レイヤー】**2**をクリックして選択し、【エフェクト】➡【カラー補正】➡【トーンカーブ】**3**を選択します。

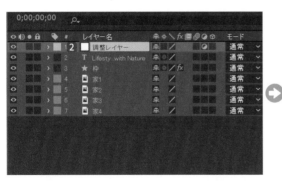

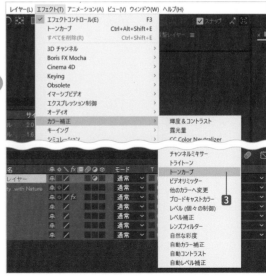

【トーンカーブ】4をドラッグして、全体を少し暗く落ち着いたトーンに設定します。

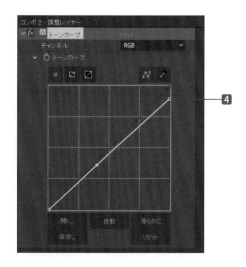

【調整レイヤー】の下に配置してある【文字】と【画像】のすべてのレイヤーに一括で【トーンカーブ】の効果が適用されました。
　再生して確認してみましょう。

【調整レイヤー】の表示のオン／オフ5で効果の有無を切り替えることができます。
　効果を比較して、良くなったかどうかを確認しましょう。

【調整レイヤー】6をテキストと【枠】レイヤーの下に移動します。

　効果の範囲は、スライド画像全体のみになります。このように、【調整レイヤー】を使ってエフェクトの一括処理を行います。

∷ 各レイヤーを【調整レイヤー】にする

通常のレイヤーも、【スイッチ】を有効にするだけで【調整レイヤー】として使用することができます。

ここでは、一例として【枠】のシェイプレイヤーを【調整レイヤー】にしてみましょう。
【枠】の【調整レイヤー】にある【スイッチ】**1**をクリックして有効にします。

【枠】が【調整レイヤー】となり、見えなくなりました。

ここでは、一例として【ブラー（ガウス）】を適用します。タイムラインの【枠】レイヤーをクリックで選択してから、【エフェクト】➡【ブラー＆シャープ】➡【ブラー（ガウス）】**2**を選択します。

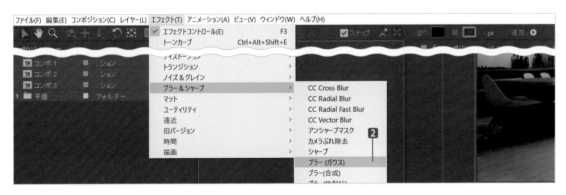

例えば、【ブラー】の数値を【100】**3**に設定してぼかすと、【枠】の部分だけがボケて磨りガラスのような表現になります。
このように、レイヤーの範囲だけにエフェクトを適用することもできます。

調整レイヤーの使用例 ❶　色調（ルックス）作成

【調整レイヤー】に複数のエフェクトとマスクを組み合わせて、色調を作成します。

【サンプルデータ 5-8-2】

サンプルデータを再生すると、画面の外側だけ暗くなりボケているのが確認できます。
【調整レイヤー】の表示をオン／オフすることで有無を比較できます。

最初に【調整レイヤー】に【トーンカーブ】と【ブラーガウス】を適用して、暗くしながらぼかします。

【調整レイヤー】を選択して、【楕円形ツール】❶をダブルクリックしてマスクを作成します。

マスクの【反転】❷にチェックを入れて表示範囲を外側にし、【マスクの境界のぼかし】❸の数値を上げてぼかして作成しています。

調整レイヤーの使用例❷ **グリッチトランジション**

【調整レイヤー】エフェクトで瞬間的な画面歪みを追加してグリッチ演出を作成します。

Ae【サンプルデータ5-8-3】

サンプルデータを再生すると、瞬間的に画面が
歪むグリッチ演出が確認できます。

ランダムな歪み効果を加える部分だけに、瞬間
的に【調整レイヤー】に適用したエフェクトの効
果をキーフレームで加えて作成します。

例えば【ブラー：0】⇨【ブラー：100】⇨【ブ
ラー：0】のように、キーフレームを細かく設定
します。

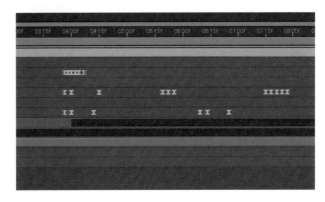

歪み効果を作るエフェクトの組み合わせは膨大なパターンがあるので、ここでは一例を紹介します。

1つ目は、画面を揺らすために【エフェクト】➡【スタイライズ】➡【モーションタイル】**1**を適用しています。

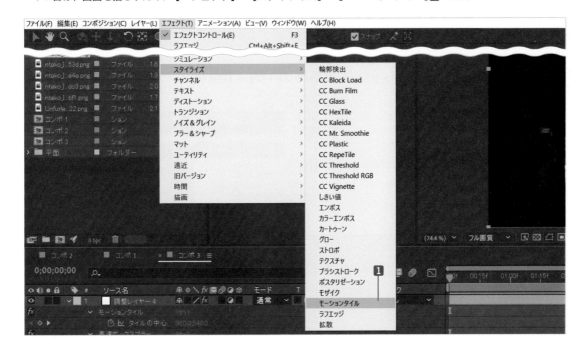

【モーションタイル】の【タイルの中心】を細かく上下左右ランダムに移動したキーフレームを設定し、最後は元の位置に戻します**2**。

【ミラーエッジ】**3**にチェックを入れてタイルを反転させ、シームレスに見せます。

これで、瞬間的な画面揺れとなります。

2つ目は、画面をぼかすために【エフェクト】➡【ブラー＆シャープ】➡【高速ボックスブラー】**4**を適用しています。

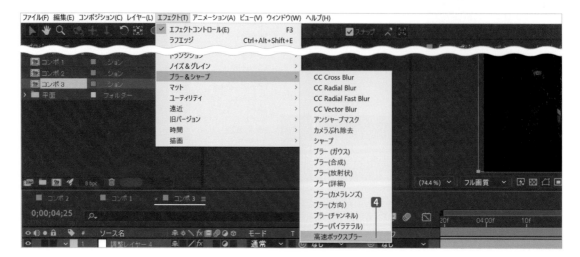

画面が揺れるタイミングに合わせて、ブラーで瞬間的にぼかします**5**。

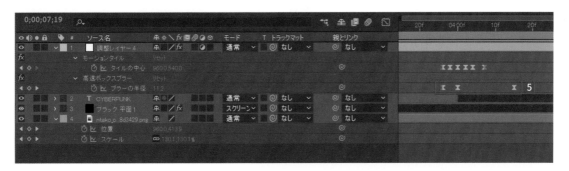

これで、瞬間的な画面揺れと同時にボケるようになります。

3つ目は、画面を白飛びさせるために【エフェクト】➡【カラー補正】➡【露光量】**6**を適用しています。

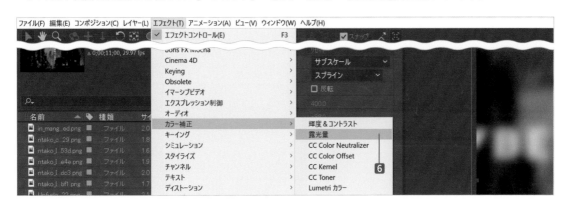

画面が揺れるタイミングに合わせて、瞬間的に【露光量】を上げてフラッシュさせます**7**。

これで、瞬間的な画面揺れと同時に、ボケながらフラッシュするようになりました。

　本作例では3つのエフェクトで作っていますが、その他のエフェクトの組み合わせ方によって無尽蔵に表現を生み出すことができます。触ったことのないエフェクトをとりあえず適用してみて、一瞬だけ効果をかけてみると新しい発見があります。

　特に難しいことは考えずに使ったことのないエフェクトで遊んでいる時に、いい感じの表現に出会うことが多々あります。エフェクトをいろいろ組み合わせながら、自分なりの面白い効果を見つけてください。

Section 5

9

［番外編1］
カードダンス

Chapter 5の最後に［番外編］として、レベルとしては中級者向けですが、存在を知っておいてほしい2つのエフェクトを簡単に紹介します。

:: カードダンスの概要

カードダンスは、レイヤーを四角形で分割して動きを付けるエフェクトです。画像を分割したり、バラバラにして動かすような表現を簡単に作ることができます。

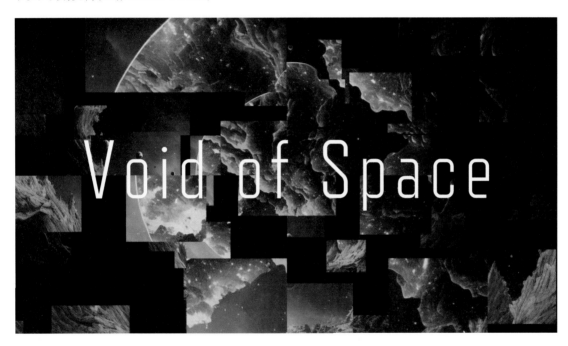

カードダンスの特徴は、【グラデーションレイヤー】を指定して、そのレイヤーの明るさ情報などを元に、バラ付き加減の強度を設定するところです。
【グラデーションレイヤー】は【フラクタルノイズ】で自由に作ることができます。

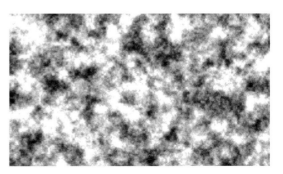

:: カードダンスの使用手順

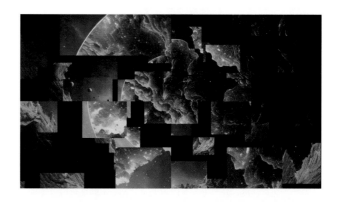

Ae【サンプルデータ5-9-1】

　サンプルデータを開くと、画像がバラバラの状態から集まって表示されるのが確認できます。

　タイムラインにバラバラにする素材と、【グラデーションレイヤー】に作成した【フラクタルノイズ】のコンポジションレイヤーを非表示**1**で配置します。

　【カードダンス】を適用するレイヤー**2**を選択して、【エフェクト】➡【シミュレーション】➡【カードダンス】**3**を選択します。

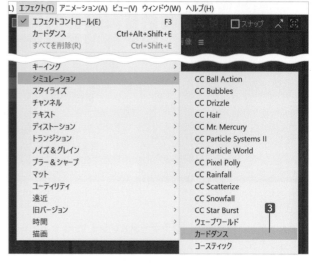

　【背面レイヤー】でバラバラにする画像を指定します。【グラデーションレイヤー】で【フラクタルノイズ】レイヤー**4**を指定します。

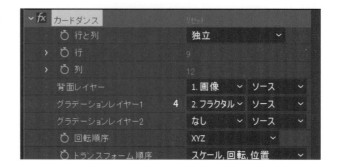

【X位置】【Y位置】【Z位置】【X回転】【Y回転】【Z回転】【Xスケール】【Yスケール】**5**で各方向の動きを設定します。

例えば、【X位置】**6**を開いて【ソース】を【強度1】**7**に設定し、【乗数】**8**の数値を増やすと横にバラバラになります。

分割する四角形のサイズは、【行】と【列】**9**の数値で変更します。

例えば、【Z位置】を開いて【ソース】を【強度1】に設定し、【乗数】の数値を増やすと前後にバラバラになります。
【乗数】にキーフレームを設定すると、バラバラから1枚になるアニメーションが作成できます。

Chapter

5

265

Section 5

10 ［番外編2］
CC Particle World

最後に紹介するのは、無数の粒子で構成されたパーティクルを物理シミュレーションで生成するエフェクトです。
この他にも、ネットやYouTubeでエフェクト名を検索すると、さまざまな使用例を見つけることができます。

:: CC Particle Worldの概要

　パーティクルエフェクトについては設定項目も多く、その使い方も多岐に渡るので、それぞれの機能を説明するだけで本一冊分のボリュームになってしまいます。
　ここでは、その効果やニュアンスを伝えるレベルに留める形で紹介します。

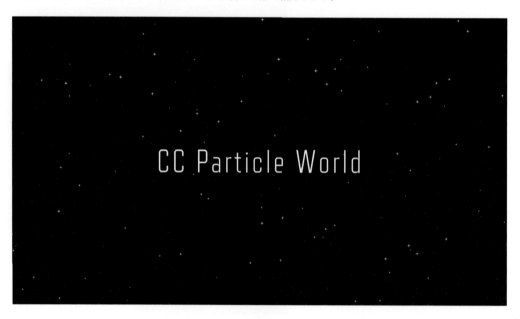

:: CC Particle Worldの使い方

【サンプルデータ5-10-1】

　サンプルデータを開くと、キラキラ粒子のアニメーションが確認できます。

タイムラインに【CC Particle World】を適用する【黒平面】レイヤーを配置します。

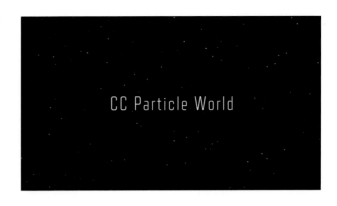

【黒平面】レイヤー**1**を選択して、【エフェクト】→【シミュレーション】→【CC Particle World】**2**を選択します。

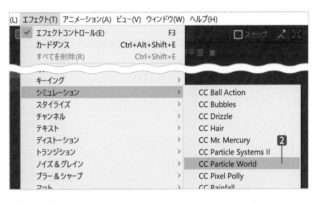

再生すると、初期設定の粒子が放出されます。この状態からシミュレーション設定を変更してキラキラを作成します。

粒子の形状を線から星に変更します。【Perticle】タブ**3**の【Perticle Type】を【Star】**4**に変更します。

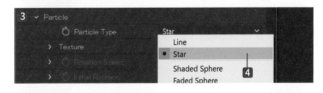

粒子の形状が星型になります。

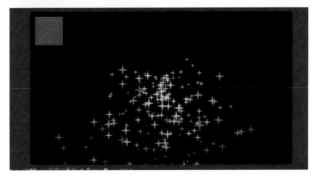

放出の動きを調整します。【Physics】タブ**5**を開いて【Gravity】の数値を【0】**6**に設定すると無重力になり、パーティクルが落下しなくなりました。

さらに、放出の勢いを弱めます。【Velocity】の数値を【0.1】**7**に設定します。

放出口のサイズを変更して、パーティクルを画面全体に広げます。

【Producer】タブ**8**を開いて、横幅【Radius X】と縦幅【Radius Y】の数値を大きくします。ここでは、それぞれともに【0.7】**9 10**に設定します。

最後に、粒子のサイズと色を変更します。

【Particle】タブ**11**を開いて横幅【Birth Size】と【Death Size】の数値を【0.05】**12**と小さく設定します。

【Opacity Map】の【Birth Color】**13**と【Death Color】**14**で色を変更して完成です。

これはほんの一例ですが、さまざまな物理パラメーターを変更したシミュレーションを組み合わせることで、このようなパーティクルを作成できます。

3Dレイヤーで
アニメーションを作ろう

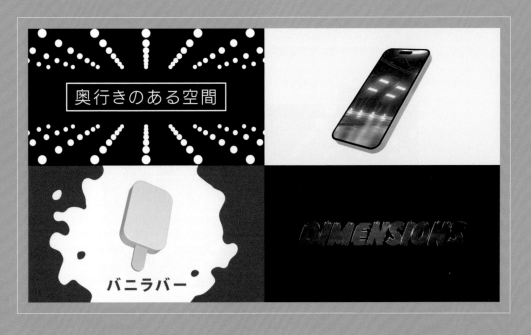

After Effectsの3Dレイヤーを使うと、平面素材を3D空間に配置することができます。3D
レイヤーを使いこなすことで、動画やアニメーションで表現できる世界が大きく広がります。

Section 6

1

2Dレイヤーと3Dレイヤー

After Effectsには、2Dと3Dの2種類のレイヤーモードがあります。3Dレイヤーを使うと、奥行きの空間を使うことができます。

2Dレイヤーと3Dレイヤーの違い

　2Dレイヤーと3Dレイヤーはどちらも素材自体には奥行きの情報がないペラペラの平面ですが、配置する空間に奥行きを持たせることができます。

レイヤー構造のイメージ

　例えば、レイヤー構造を俯瞰して見た状態をイメージするとその差がわかりやすくなります。2Dレイヤーは平面上に重なっていますが、3Dレイヤーは前後感を持たせて空間に配置することができます。

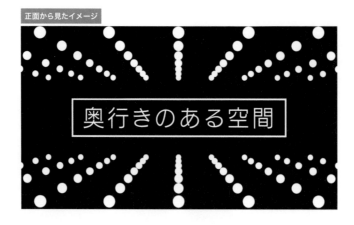

空間に奥行きがない

空間に奥行きがある

回転にも奥行きが追加される

3D空間の場合は【位置】の前後だけでなく、【回転】にも向きが追加されます。
このように、3Dレイヤーを使うと表現の幅がさらに広がります。

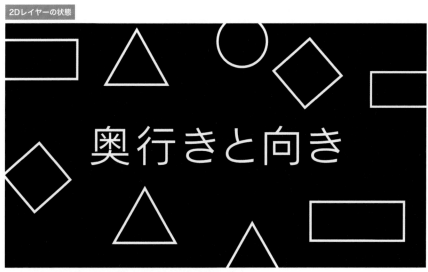

すべて正面向きになる

空間上に斜め向きにできる

　素材自体に奥行きがないのであくまで「疑似的な3Dアニメーション」という位置付けですが、この2Dと3Dの間の独特な表現はモーショングラフィックスの演出として欠かせないものの1つです。
　映画のタイトルやオープニング、エンドクレジットのアニメーションなどでもよく使われています。

⠿ 3Dレイヤーで使えるその他の機能

3Dレイヤーは、レイヤーを3D空間に配置できるだけでなく、付随する機能が追加されます。

その中でも代表的な3つの機能を紹介します。

❶ カメラ

コンポジションにカメラを配置することができます。

被写体を動かさなくても、カメラの配置を変えると動画の構図を変更できます。

カメラ1

プレビュー

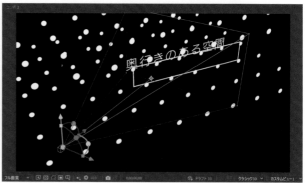

左側から撮影

カメラ2

プレビュー

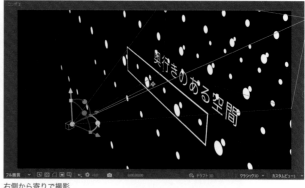

右側から寄りで撮影

❷ ライト

コンポジションには、ライトも配置することができます。

ライトを配置すると、3Dレイヤーに光を当てて明暗を作ったり、レイヤーの前後間に影を落とすことができます。よりリッチで立体的な空間演出ができます。

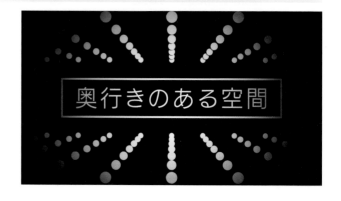

❸ 押し出し3D

　通常の3Dレイヤーには奥行き（厚み）がないペラペラの状態ですが、テキストとシェイプレイヤーは形状を押し出して奥行きを持たせることができます。

テキストとシェイプが3Dレイヤーの状態

テキストとシェイプの3Dレイヤーを押し出した状態

　【テキスト】レイヤーと【シェイプ】レイヤーに関しては、この機能で立体的な3Dオブジェクトとしての3Dアニメーションを作ることができます。3Dアプリケーションほどの表現力はありませんが、モーショングラフィックスの領域においては演出の幅を大きく広げてくれます。

Chapter
6

2　3Dレイヤーのトランスフォーム

3Dレイヤーで拡張される【トランスフォーム】を確認しましょう。

∷ 3Dレイヤーの使い方

タイムラインに配置したレイヤーの【3Dスイッチ】■をクリックして有効にすると、3Dレイヤーに変更されます。

【レイヤー】タブ■を開くと、【トランスフォーム】の項目が変化しています。

2Dレイヤー

3Dレイヤー

:: トランスフォームで重要な変化は2つ

まずは、3Dモーション制作で最も重要となる【位置】と【回転】の変化を理解しましょう。

3Dレイヤーの位置

3Dレイヤーの【位置】**1** は数値が3つに増えて、横（X軸）・縦（Y軸）・前後（Z軸）で動かすことができます。

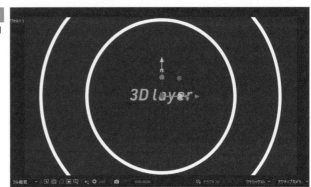

Z軸で前後に動かした場合、正面から見ると大きさの変化なので、一見スケールと同じように感じますが、プレビューの視点を切り替えて斜めから俯瞰して見ると、位置が前後に移動しているのが確認できます。

元の状態
Z位置【0】

Z軸の数値は、元の位置【0】を基準に手前が【-数値】、奥が【+数値】となります。

テキストを手前に移動
Z位置【-1800】

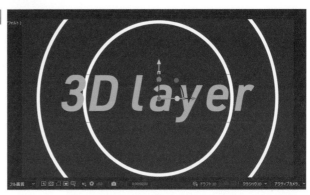

テキストを奥に移動
Z位置【1800】

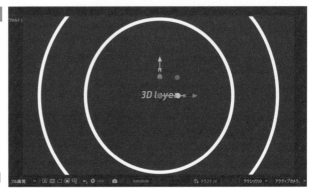

Ae 【サンプルデータ 6-2-1】

プレビュー視点の切り替え

初期設定で【アクティブカメラ】と表示されている【3Dビュー】の設定①をクリックして変更すると、さまざまな視点から確認することができます。例えば【カスタムビュー1】に変更すると、斜めから俯瞰で確認できます。

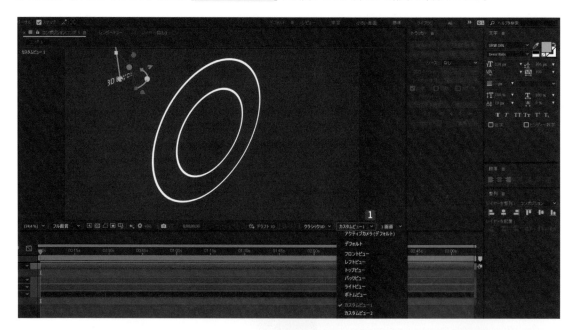

3Dレイヤーを使った【3Dビュー】のときは、プレビュー画面上で Alt / option キーを押しながら左クリックのドラッグでアングルの回転、Alt / option キーを押しながらマウスホイールのドラッグでアングルの上下左右の移動、Alt / option キーを押しながら右クリックのドラッグで前後の移動を行うことができます。

変更したアングルを初期位置に戻す場合は、プレビュー画面上で【右クリック】➡【カメラ】➡【カスタムビュー1 カメラをリセット】②を選択します。

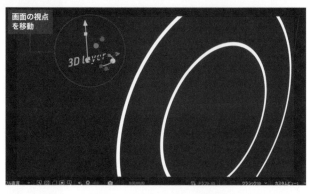

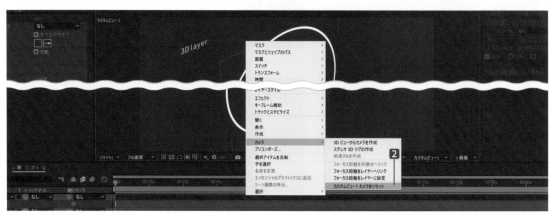

　プレビューのアングルを変更した別視点からの確認が終わったら、制作している動画の視点である【アクティブカメラ】に戻します。

3Dレイヤーの回転

3Dレイヤーの【回転】も、設定項目**1**が3つに増えています。

【X回転】【Y回転】【Z回転】でそれぞれの方向に動かすことができます。

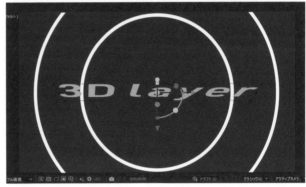

ひ アンカーポイント	12.0,-533.0,0.0
ひ 位置	960.0,540.0,0.0
ひ スケール	🔗 80.0,80.0,80.0%
ひ 方向	0.0°,0.0°,0.0°
ひ X回転	0x+0.0°
ひ Y回転	0x+0.0°　**1**
ひ Z回転	0x+0.0°
ひ 不透明度	100%
形状オプション	レンダラーを変更

【X回転】は縦に回転します。

X回転【0 x 70】

【Y回転】は横に回転します。

Y回転【0 x 70】

【Z回転】は2Dレイヤーと同様に、水平方向に回転します。

Z回転【0 x 40】

3D空間に配置

Ae【サンプルデータ6-2-1】

3Dレイヤーの【位置】と【回転】を組み合わせてレイヤーを3D空間に配置し、キーフレームでアニメーションさせることで前後感のある表現になります。

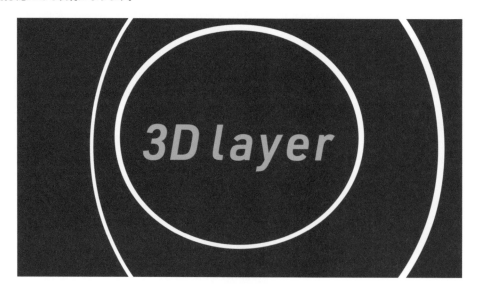

レイヤーの初期配置を傾ける際は【方向】**1**で設定することもできます。

【方向】は基本的に【回転】と同じ効果ですが、【方向】を使って初期の角度を設定しておくと、【回転】の設定の初期角度を【0 x 0】として扱うことができるので、キーフレームを管理しやすくなる場合もあります。

お好みで使い分けてください。

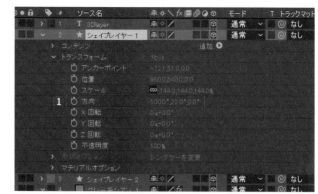

方向でレイヤーの配置角度を設定します。

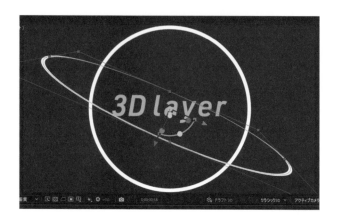

Section 6

3

3Dカメラアニメーション

After Effectsのカメラワークによるアニメーションの作り方を学びましょう。

カメラを動かす効果

　実際のビデオカメラで撮影する場合でも、カメラを動かすことがあります。それと同じように、After Effectsのカメラも動かして表現を作ることができます。

　例えばカメラを横に水平移動すると、近くにあるものは早く移動して遠くにあるものはゆっくり移動します。その際の前景と背景のズレが空間表現となります。

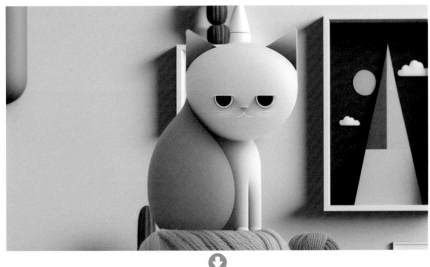

横移動した際に前景と背景のズレが起こることで、奥行き感を表現しています。

⠿ カメラの作り方

【レイヤー】➡【新規】➡【カメラ】**1**（ Ctrl / command ＋ Alt / option ＋ Shift ＋ C キー）を選択して、カメラを作成します。

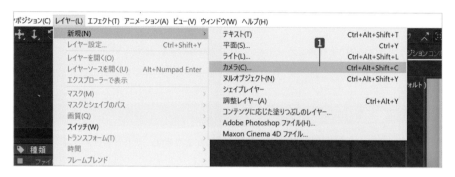

カメラは2種類ある

　カメラを作成すると、**【カメラ設定】**が表示されます。**【種類】1** のタブをクリックすると、**【1ノードカメラ】**と**【2ノードカメラ】**を選択できます。この2種類のカメラの機能は同じですが、設定項目に違いがあります。最初のうちはシンプルに使うことができる**【1ノードカメラ】**がおすすめです。本書では、**【1ノードカメラ】**で進めます。

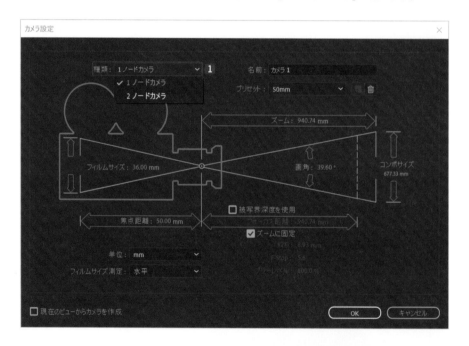

　【2ノードカメラ】は**【トランスフォーム】**に**【目標点】2** の項目が追加されます。

　より複雑なカメラワークを制御するために使いますが、難易度が高くなるので3Dレイヤーに慣れてきたら使ってみてください。

:: カメラのトランスフォーム

カメラの動きも、他のレイヤーと同様に【トランスフォーム】で設定します。

ノードカメラの設定

【1 ノードカメラ】には【方向】がないので、【位置】を動かすだけで簡単に左右／上下／前後にスライド移動できます。

項目	概要
❶ 位置	カメラの位置を設定します。 横・縦・前後に動かすことができます。
❷ 方向	カメラの向きを変更します。 通常は正面に向けるのでそのまま使用します。
❸ X回転	カメラを上下に振るチルトです。
❹ Y回転	カメラを左右に振るパンです。
❺ Z回転	カメラを水平回転します。

【2 ノードカメラ】には【目標点】があるので、【位置】を動かすと水平ではなく、映す方向を維持し続けます。
平行スライドを行う際は、【位置】と【目標点】の両方を動かす必要があります。

【2 ノードカメラ】の【位置】を左から右に移動すると、【目標点】に設定した被写体の方を向き続けるので、斜め向きに
なります。

:: カメラオプション

カメラには【トランスフォーム】の下に【カメラオプション】■があります。【カメラオプション】のすべてを理解して使いこなすのは上級者モードになるので、本書では重要な項目だけを紹介します。

項目	概要
❶ ズーム	カメラを動かさずに構図の寄りや引きを設定
❷ 被写界深度	カメラのレンズボケ効果のオン/オフ
❸ フォーカス距離	カメラのフォーカス
❹ 絞り	レンズボケの強度

【ズーム】は実際のカメラと同じように、カメラの位置を動かさずに構図の拡大縮小を行います。

【被写界深度】を有効にすると、【フォーカス距離】で距離を合わせた3Dレイヤーから前後の距離が遠いレイヤーにカメラボケが発生します。

また、実際のカメラの絞り（F値）とは意味が異なりますが、【絞り】の数値でボケの強度を設定します。

カメラの使用例 ❶ ／ 横スライド

カメラをレールに乗せたように横に水平移動します。

Ae【サンプルデータ6-3-1】

再生すると、カメラが移動して背景がズレているのが確認できます。

このズレが、カメラで撮影した際の被写体の距離の差による効果です。

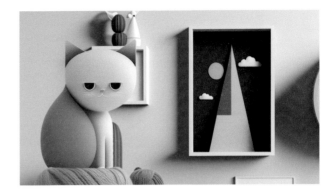

配置してある被写体のレイヤーの【位置】の【Z軸】の数値を離して前後に距離がある状態で配置しています。

【3Dビュー】の【カスタムビュー1】の視点から見ると、配置を確認できます。

手前から奥にかけて、【カメラ】⇨【ネコと毛糸】⇨【背景】の並びです。

この状態でカメラの【位置】の【X軸】にキーフレームを設定し、左から右に移動します。これだけで、簡単にカメラワークで空間アニメーションを作ることができます。

同様に、上下の場合には【Y軸】、前後の場合には【Z軸】のキーフレームで作成します。

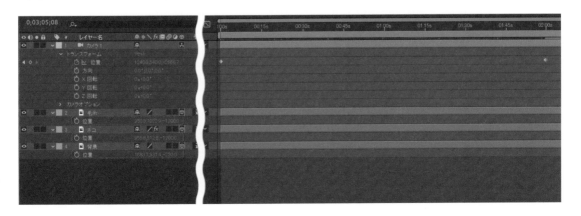

カメラの使用例❷ / フォーカス送り

一眼動画でよく使う、近くの被写体から遠くの被写体を見せるフォーカス送りの演出です。

Ae【サンプルデータ 6-3-2】

サンプルデータを開いて再生すると、フォーカスが移動するアニメーションが確認できます。

【カメラオプション】の【被写界深度】を【オン】❶にして、【絞り】❷の数値を大きくするとボケます。

【フォーカス距離】❸にキーフレームを設定してボケを動かします。

フォーカスの距離は【3Dビュー】の【トップビュー】で真上から見ると視覚的に確認できます。ピンクのラインが【フォーカス距離】なので、レイヤーの線に重なるように【フォーカス距離】を移動するとそのレイヤーにフォーカスが合います。

また、カメラと被写体の距離【Z位置】の差分の数値を【フォーカス距離】に数値入力して合わせることができます。

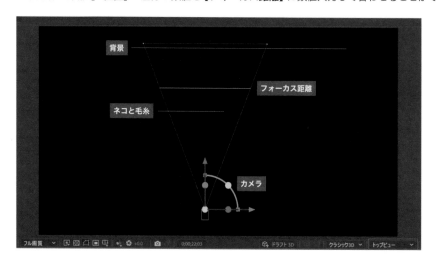

Section 6
4 ライトで光と影を作る

ここでは、After Effectsの【ライト】機能を使った照明効果の作り方を学びましょう。

ライトの効果

実際のカメラで撮影する場合の照明は大切な要素です。光と影をコントロールして映像の世界観を作り上げます。
After Effectsで行う照明効果は疑似的なものですが、ライトの有無で表現力が大きく変わります。

Chapter 6

ライトなし

ライトとシャドウあり

:: ライトの作り方

【レイヤー】➡【新規】➡【ライト】**1**（ Ctrl / command ＋ Alt / option ＋ Shift ＋ L キー）を選択して、ライトを作成します。

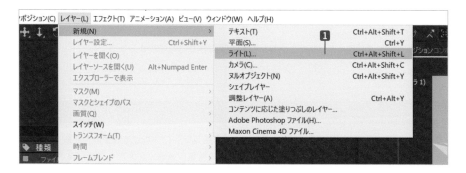

ライトは4種類ある

　ライトを作成すると、【ライト設定】ダイアログボックス**1**が表示されます。【ライトの種類】**2**のタブをクリックすると、4種類のライト**3**から選択できます。

　まずは【ライトの種類】で照明の種類を選択します。【OK】ボタン**4**をクリックすると、ライトが作成されます。

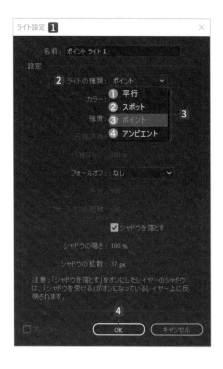

項目	概要
❶ 平行	太陽光のような使い方のライト
❷ スポット	懐中電灯や舞台照明のような円錐状のライト
❸ ポイント	全方向に光る裸電球のようなライト
❹ アンビエント	自然光のような空間全体の明るさ

ライトの【トランスフォーム】

ライトの配置は、他のレイヤーと同様に【トランスフォーム】**1**で設定します。

ライトの【トランスフォーム】の設定項目

【トランスフォーム】の設定は、【ライトの種類】によって項目が変化します。

項目	概要
❶ 目標点	ライトの照らす向きを設定します。移動しても一定の方向に向き続けます。
❷ 位置	ライトの位置を設定します。横・縦・前後に動かすことができます。
❸ 方向	ライトの向きを設定します。通常は正面に向けるのでそのまま使用します。
❹ X回転	ライトの上下の向きです。
❺ Y回転	ライトの左右の向きです。
❻ Z回転	ライトの水平の向きです。

　ライトの配置と向きも、【3Dビュー】を【カスタムビュー1】**1**などに切り替えることで、被写体との位置関係を把握しやすくなります。

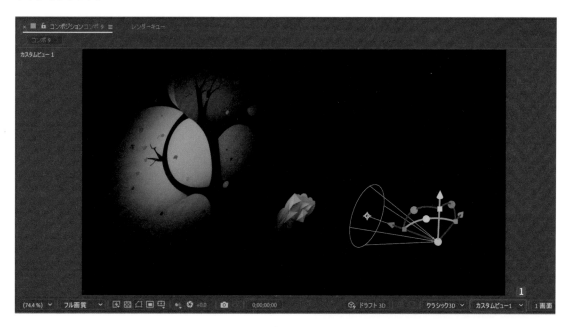

:: ライトオプション

　ライトには【トランスフォーム】の他に【ライトオプション】があります。【ライトの種類】によって設定できる項目が異なり、すべてを使いこなすのは上級者モードとなりますので、本書では重要な項目だけをご紹介します。

項目	概要
❶ 強度	ライトの明るさの設定
❷ カラー	ライトの色の設定
❸ フォールオフ	ライトの距離による影響の有無の設定
❹ シャドウを落とす	3Dレイヤーの影の有無の設定

　例えば【スポットライト1】の場合、【強度】で明るさ、【カラー】でライトの色、【円錐頂角】で光の広がり、【円錐ぼかし】で光のボケを調整します。

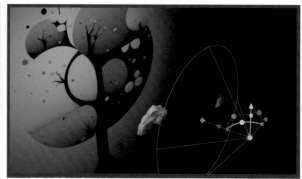

　【カメラ1】の【シャドウを落とす】を【オン】にして、被写体の【3Dレイヤー】にある【マテリアルオプション】の【シャドウを落とす】を【オン】❶にすると影が落ちます。

※同様に【シャドウを受ける】も【オン】にする必要がありますが、基本的に初期設定で【オン】になっています。

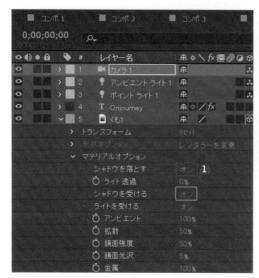

ライトの使用例　3D空間の演出

光と影で空間の奥行きを表現します。

Ae【サンプルデータ6-4-1】

再生すると、3D空間に折り紙が確認できます。

それぞれの【写真】レイヤーは、すべて【位置】の【Z軸】**1**の数値をずらして前後に距離がある状態で配置しています。ここでは、手前から順に【カメラ】⇨【ライト】⇨【くも】と【つる】⇨【背景】を配置しています。

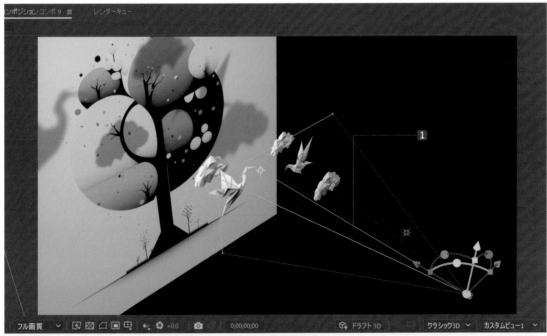

すべての【くも】と【つる】レイヤーの【マテリアルオプション】で【シャドウを落とす】を【オン】1に設定します。

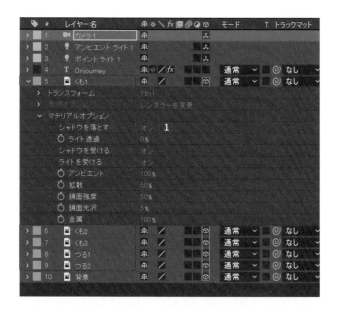

【ポイントライト1】の【ライトオプション】にある【シャドウを落とす】2で影を作っています。
　【シャドウの暗さ】3と【シャドウの拡散】4で影を調整します。

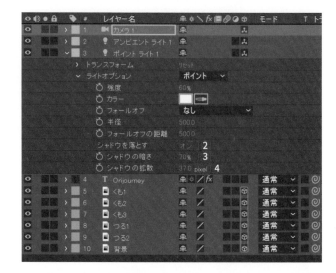

　光と影の描画は【ポイントライト1】5で表現し、空間全体の明るさは【アンビエントライト1】6を作成して調整します。
　各ライトの【強度】の値を増減してバランスを取りながら、全体の明るさを作ります。

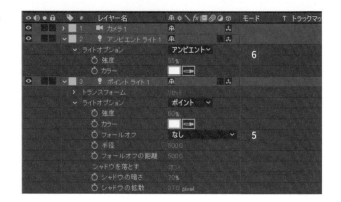

Section 6

5 押し出し3Dテキスト

平面のテキストを押し出して、立体の文字を作成します。

⠿ 押し出しで3Dタイトルを作成する

　After Effectsで扱うレイヤーは基本的に厚みを持たない2D（平面）ですが、押し出し機能を使い立体を作ることができます。この押し出しオブジェクトは、テキストとシェイプにのみに適用することができます。

　ここでは、テキストを押し出して3Dタイトルを作成します。

Ae【サンプルデータ6-5-1】

元のテキスト

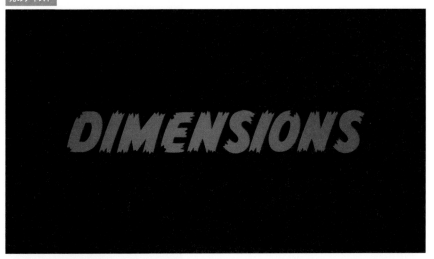

押し出し3D化したテキスト

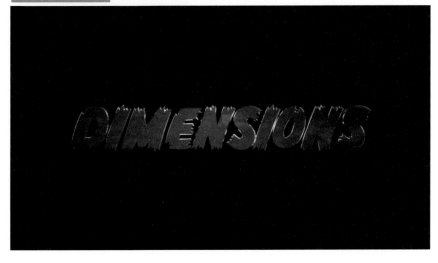

:: 押し出し3Dテキストの作り方

最初に【テキスト】を作成して、【3Dレイヤー】❶を有効にします。

押し出し機能が使えるのは、コンポジションのレンダラーで【Cinema 4Dレンダラー】を選択したときだけなので、プレビュー画面の下にある3Dレンダラー設定を【クラシック3D】❷から【Cinema 4D】❸に変更します。

【Cinema 4D】レンダラーに変更すると、3Dレイヤーの設定項目が変化します❹。

TIPS 【Cinema 4D】レンダラーの使いどころ

【Cinema 4D】レンダラーを使うと3D制作の機能が強化されますが、その反面2Dアニメーションやエフェクトの処理が重くなったりエフェクトの効果が反映されないものがあります。押し出しなどの3D表現を作るとき以外は、標準の【クラシック3D】を使用するほうがよいでしょう。

　追加された設定項目【**形状オプション**】の中にある【**押し出す深さ**】の数値を上げると、テキストに厚みができます。

　ここでは、【60】**5** に設定します。

　テキストの奥行きが伸びて、3Dオブジェクトになりました。

　【**3Dビュー**】を【**カスタムビュー1**】**6** に変更して斜めから確認します。 Alt/option キーを押しながら各マウスボタンでドラッグして、視点を移動します。

※視点操作の詳細は、276ページを参照してください。

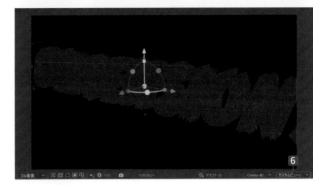

　3Dオブジェクトはライトで陰影をつけないと立体物として認識しづらいので、【**レイヤー**】➡【**新規**】➡【**ライト**】**7**（ Ctrl/command ＋ Alt/option ＋ Shift ＋ L キー）を選択してライトを追加します。

　【**ライト設定**】ダイアログボックスの【**ライトの種類**】で【**ポイント**】**8** を選択します。

　さらに【**ライトの種類**】で【**アンビエント**】**9** を選択して、もう1つライトを作成します。

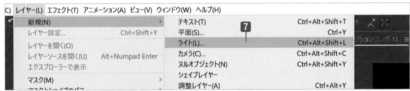

293

【ポイントライト1】の【トランスフォーム】の【位置】⑩を動かして、テキストに陰影が付いて立体的に見えるように調整します。

【アンビエントライト1】の【ライトオプション】にある【強度】⑪で全体の明るさを調整します。

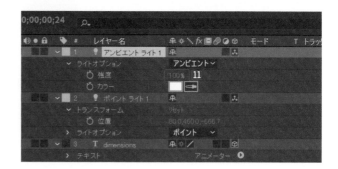

【ポイントライト1】の【ライトオプション】の中にある【強度】で正面の明るさを調整します。

　2つのライトの明るさのバランスを調整して、明るさと陰影がいい感じの設定を探します。

※本作例での【強度】は、【ポイントライト1】を【90】⑫、【アンビエントライト1】を【80】⑬に設定しています。

設定と確認が終わったら、【3Dビュー】を【アクティブカメラ】⑭に戻します。

┇ エッジの調整

押し出しただけの3Dオブジェクトは、エッジ（角）が尖っています。
エッジを調整することで、立体の形状を変更します。

エッジの調整は、再度【3Dビュー】を【カスタムビュー1】**1**に変更して、斜めのアングルから確認します。

【テキスト】レイヤーの【形状オプション】➡【ベベルのスタイル】で形状を変更できます。
　ここでは、【角型】**2**に設定します。

【ベベルの深さ】の数値を上げると角の形状が変化して、面取りされるのが確認できます。
　設定と確認が終わったら、【3Dビュー】を【デフォルトカメラ】**3**に戻します。

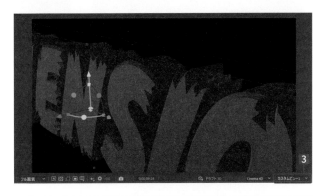

ベベルのスタイル	概要
角型	角を直線で斜めに押し出す
凸型	角を内側にカーブしながら斜めに押し出す
凹型	角を外側にカーブしながら斜めに押し出す

∷ カラーの設定

3Dテキストの前面・側面・ベベルにそれぞれカラーを設定します。最初に正面のカラーを設定します。
【テキスト】レイヤーの【アニメーター】➡【前面】➡【カラー】➡【RGB】**1**を選択します。

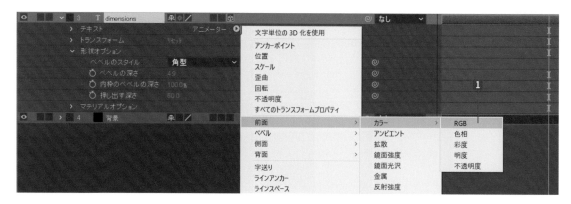

【前面のカラー】**2**が追加されるので、前面のカラーを設定します。カラーの設定の際も、【3Dビュー】を【カスタム
ビュー1】**3**などに切り替えて確認しながら作業を進めます。

側面のカラーを設定します。【テキスト】レイヤーの【アニメーター1】にある【追加】**4**➡【プロパティ】➡【側面】➡
【カラー】➡【RGB】**5**を選択します。

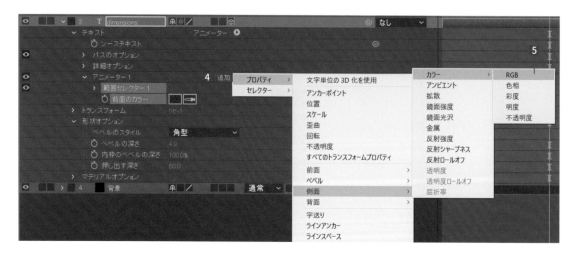

【側面のカラー】6が追加されるので、ここで側面のカラーを設定します。

ベベルのカラーを設定します。**【テキスト】**レイヤーの**【アニメーター1】**にある**【追加】7** ➡**【プロパティ】**➡**【ベベル】**➡**【カラー】**➡**【RGB】8**を選択します。

【ベベルのカラー】9が追加されるので、ここでベベルのカラーを設定します。
これで、各面に色を設定することができました。

∷ 質感の設定

3Dテキストの表面の質感を設定して、仕上がりのイメージを作成します。質感を認識する大きな要素は、反射と映り込みです。映り込みを表現するためには周りの景色（環境）が必要です。

その環境を疑似的に表現するために、画像素材を使用します。

画像素材を3Dテキストに写り込ませることで質感を表現しています。

タイムラインに環境として使用する画像素材を配置して、右クリックして表示されるメニューから【環境レイヤー】**1**を選択します。

【環境素材】の画像はプレビュー画面上で非表示になり、環境レイヤー**2**になりました。これで、3Dテキストにこの画像が映り込む状態になりました。

【テキスト】レイヤーの【マテリアルオプション】の中にある【反射強度】の数値を増やします。
　ここでは、わかりやすいように【100】**3**に設定します。

　鏡面反射のように【環境素材】が映り込むようになりました。
　くっきり反射すると、ツルツルの金属やガラスのような質感に見えます。

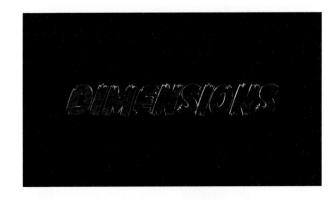

　【マテリアルオプション】の反射具合を調整する数値のバランスを変えることで、質感を調整します。
　この辺りの設定は実際に数値を動かして、変化を確認しながら感覚を掴んでください。

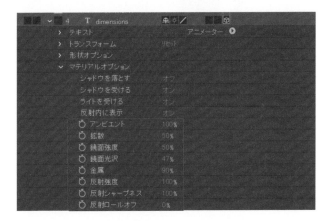

　最後にテキストにアニメーションを設定し、ライトを調整すると、3Dテキストアニメーションが完成です。

Chapter
6

6 押し出し3Dシェイプ

シェイプレイヤーを押し出して、3Dオブジェクトを作成します。

:: 押し出し3Dシェイプを作成する

　シンプルな形状のシェイプレイヤーでも積み木やプラモデル、ドット絵のようにパーツを組み合わせることで、複雑な形状を作ることができます。

Ae【サンプルデータ6-6-1】

:: 押し出し3Dシェイプの作成手順

　基本的に3Dテキストと同じ手順で作成することができます。押し出しの設定については、前項の「押し出し3Dテキスト」（291ページ）をご参照ください。

　【シェイプ】を作成して【3Dレンダラー】の設定をクリックし、【Cinema 4D】①を選択します。ここでは、【角丸長方形ツール】②でバニラアイスをイメージした2つの長方形を作成しています。

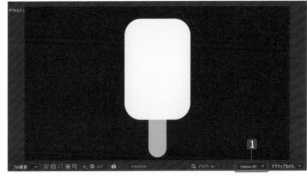

Chapter
6

　【シェイプ】レイヤーの【3Dレイヤー】③を有効にして、【形状オプション】の【押し出す深さ】④の数値を上げて厚みを付け、【ベベルのスタイル】を【凸型】⑤にして角を丸めます。

　【レイヤー】➡【新規】➡【ライト】から【ポイントライト】と【アンビエントライト】を作成します。

　【3Dビュー】を【カスタムビュー1】⑥に変更して斜めから確認しながら、ライトの陰影とシェイプレイヤーの【マテリアルオプション】で光沢を調整します。

　レイアウトを作って背景と組み合わせて、アニメーションを作成すると完成です。

押し出し3Dシェイプの作例 ❶ ／ スマートフォン

【サンプルデータ6-6-2】

　サンプルデータを開いて【完成】コンポジションを再生すると、回転するスマホのアニメーションが確認できます。

　【スマホ】コンポジションでパーツごとにシンプルな図形シェイプで形状を作成し、押し出して厚みを付けて合体させます。
　【マテリアルオプション】で各パーツの質感を設定します❶。

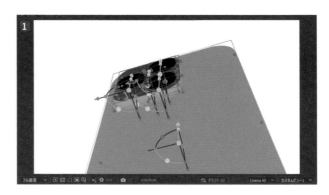

　スクリーンは、画像素材を平面で重ねています❷。

　【完成】コンポジションに【スマホ】コンポジションを配置して、【コラップストランスフォーム/連続ラスタライズ】▦❸を有効にします。
　こうすることで、複数の3Dレイヤーのパーツで組み合わせて作った複雑な形状は、1つのコンポジション3Dレイヤーとして扱うことができます。アニメーションを作成して完成です。

※【コラップストランスフォーム/連続ラスタライズ】を有効にしないと、ペラペラの状態の3Dレイヤーになります。

押し出し3Dシェイプの作例❷／3Dピクセルアート

Ae【サンプルデータ6-6-3】

　サンプルデータを開いて【完成】コンポジションを再生すると、3Dピクセルのニワトリが確認できます。

　正方形を基準にして、シェイプを組み合わせて立体を作成しています。

　正方形の並びの数値を確認しやすいように、一辺のサイズを【100】ピクセルなどのわかりやすい数値で作っていくのがおすすめです。

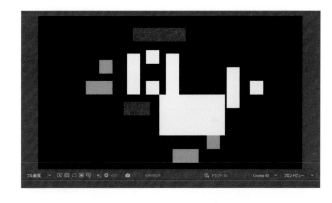

　この作例では、横から見た体の大きさを【長方形パス1】の【サイズ】で【500×300】**1**に設定します。厚みとなる部分は、【押し出す深さ】で【500】**2**に設定しています。

　ピクセルアートの視点で見ると、身体の大きさは横から見た長さを正方形5個分、高さを正方形3個分、奥行き（太さ）を正方形5個分に設定します。

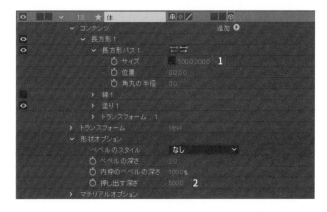

　【編集】コンポジションに【ニワトリ】コンポジションを配置して【コラップストランスフォーム/連続ラスタライズ】**3**を有効にし、シーンと合成すると完成です。

Section 6 7 動画にモーションを合成する

3Dレイヤーとカメラトラッカーを使って、実写動画にモーションを合成します。撮影した実写動画のカメラの動きを分析して After Effects で再現することで、3Dレイヤーが実写動画に貼り付いて合成できます。

∷ モーション合成の手順

モーション合成を行うためには、事前に動画素材と合成するモーション素材が必要です。

Ae【サンプルデータ 6-7-1】

今回は、実写動画の山の後ろに大きなイラストキャラを合成します。

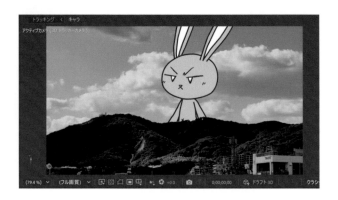

山の奥に合成するために、ロトブラシで空を切り抜いたレイヤーを前景として事前に準備しています（ロトブラシについては、230ページを参照してください）。

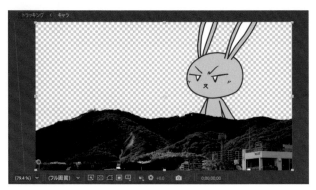

∷ カメラトラッカーでカメラの動きを分析

モーション合成は、カメラトラッカーで動画のカメラの動きを分析するところから始まります。分析を行うためには、動画内にコントラスト（特徴的な部分）が必要です。

例えば、のっぺりした単色の壁や雲一つない青空などは解析することができません。単色の壁の場合は、マーカーとして丸い点のシールなどを貼ることで対処することもできます。

タイムラインに分析する動画を配置して右ク
リックし、【トラックとスタビライズ】➡【カメ
ラをトラック】**1**を選択します。
　ここでは、【背景】に適用します。

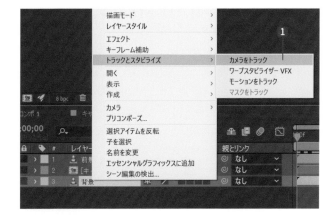

　動画の分析が開始されます。分析に要する時間
は、動画の時間や複雑さの具合によって異なりま
す。

　分析の進行状況は、【エフェクトコントロール】
パネルに追加されている【3Dカメラトラッカー】
2で確認できます。

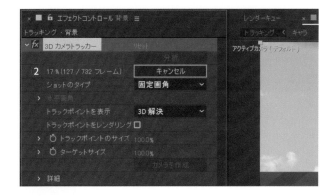

　分析が完了すると、追尾を解析したトラッキン
グポイントが表示されます。

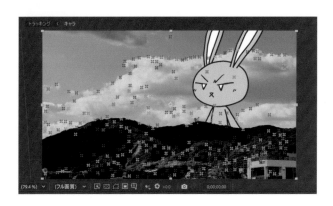

【エフェクトコントロール】パネルの【カメラを
作成】**3**をクリックします。

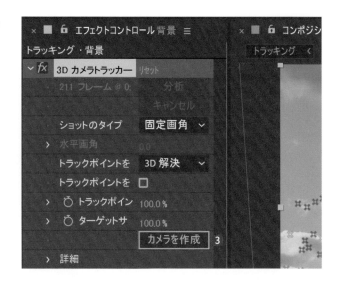

タイムラインに【3Dトラッカーカメラ】**4**が
作成されます。

【3Dトラッカーカメラ】には分析結果の【位
置】と【方向】のキーフレームが付いているので
5、動画のカメラと同じように動きます。

【キャラ】レイヤーの【3Dレイヤー】**6**を有効
にします。

これで、カメラの動きに合わせてキャラクターを合成することができました**7**。

【キャラ】を【位置】で動かしても、実写素材との位置関係が維持されます**8**。

その他の合成物も、3Dレイヤーで配置することで簡単に合成することができます。

Chapter

7

オリジナル表現の
作り方

After Effectsの学びの多くは、本や動画チュートリアルの作例を真似して作ることで得られます。ここでは、次のハードルとなる自分のオリジナル表現を作るためのアイデアの考え方を紹介します。

Section 7

1

自分で動きのパターンを考える

自分のオリジナルの表現は、基本的な動きの組み合わせ方を変えるだけで簡単に作ることができます。ここでは、その考え方と視点についての一例を紹介します。

∷ オリジナル表現のアイデアの考え方

　自分のオリジナルの表現を作るためにはアイデアが必要ですが、そのアイデアを何もないところからいきなり出そうとしても難しいと思う人がほとんどでしょう。とはいえ、本やYouTubeなどのチュートリアルの内容をそのまま作っただけでは、到底オリジナルの表現とは言えません。

　では、どうすればオリジナルの表現を作ることができるのでしょうか？　その方法の1つが、動きやエフェクトの組み合わせ方を自分で考えることです。After Effectsで作成する動画は、さまざまな動きの組み合わせでできています。動きを順番に並べて連続させたり、同時に使って複雑にしたりといった形です。ひとつひとつの単純な動きの要素を少し組み合わせただけでも、その組み合わせ方に個性が生まれてオリジナルの表現となります。

　まずは最もシンプルな形で、その考え方を見てみましょう。例えば、After Effectsで「オリジナル表現」という文字が下から上ってくるという動きの作り方を何らかの教材で学んで、文字を【位置】のキーフレームで動かせるようになったとします。

　このとき、その学びを得た人が何も考えずに自分の作品として作れるのは、「文字を打ち替えただけの同じ動き」になります。少し進んだ人はフォントを変えたり文字と背景の色もアレンジするかもしれません。挿絵などの画像を入れる人もいるでしょう。それは、すばらしい最初のアイデアです。こういった想像力は、普段からデザインに着手していたり、ブログを書いている、絵を描いているといった創作活動を実践している人には自然と生まれてくるのですが、そうではない人の意識はそこまで届かないケースが多いように感じます。

■ **作例で学んだ「文字が下から上の動きで出現する」表現**　【サンプルデータ 7-1-1】

■ **単純にそのまま自分の作品に置き換えると、同じ動きになる**

もう1つ視野を広げてみましょう。

「オリジナル表現」という文字が下から上ってくる動きの別パターンを考えてみます。

A案 2つのレイヤーに分けた文字「オリジナル」「表現」が、順番に下から上に動いて出現

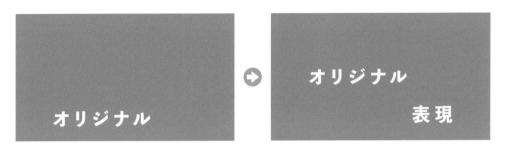

B案 7つのレイヤーに分けた文字「オ」「リ」「ジ」「ナ」「ル」「表」「現」が、順番に下から上に動いて出現

C案 7つのレイヤーに分けた文字「オ」「リ」「ジ」「ナ」「ル」「表」「現」がランダムに下から上に動いて出現

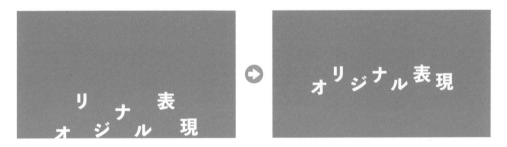

　下から上に動くという同じ動きだけでも、タイミングを変えるだけでバリエーションが生まれます。この視点を持つだけでも、1つ学んだ表現に対して、4パターンの動きが自分で作れるようになります。動きの順番や間隔、速度の変化も加えると、さらにパターンは増えますね。

　その中から自分のイメージに合ったものを選べば、これでもう立派な自分の作品です。

　ここまで【位置】の動きを下から上に限定していましたが、「上下」「左右」「斜め」にも動かすことができます。これらの組み合わせも考えると、【位置】だけでもかなりのバリエーションになります。

Ae【サンプルデータ7-1-2】

A案 7つのレイヤーの文字「オ」「リ」「ジ」「ナ」「ル」「表」「現」が、上下から交互に出現

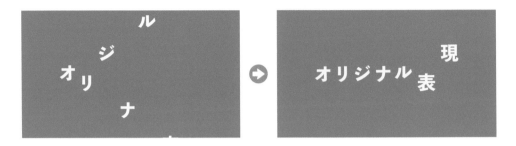

B案 7つのレイヤーの文字「オ」「リ」「ジ」「ナ」「ル」「表」「現」が上から下に降って、小さく上下に弾む出現

C案 7つのレイヤーの文字「オ」「リ」「ジ」「ナ」「ル」「表」「現」が、上下左右のランダムな動きで出現

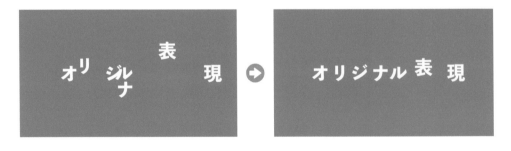

D案 7つのレイヤーの文字「オ」「リ」「ジ」「ナ」「ル」「表」「現」が右から左に弧を描いて、弾むような動きで順番に出現

このように、オリジナルの表現を作るためには、まず自分が覚えたツールや機能、エフェクトそれぞれの表現のパターンを考えてから、その組み合わせを考えることで無尽蔵に生み出すことができます。パターンをたくさん考えることで、独自性を生み出すことができるようになります。基礎中の基礎である平面やテキスト、シェイプとトランスフォームを覚えただけの状態でも、1つのカットに対して何パターンもの表現を作ることができます。

それでは、実際に練習してみましょう。本書のChapter 1で紹介した「1時間で動画を作ってみよう！」のマグカップをオリジナルの表現に作り変えるとすれば、どんな動きができるでしょうか？　パターンを書き出してみてください。

まずは文字だけでアイデアを書いてみましょう。このとき、何か難しいことを考えようとするのではなく、シンプルに書き出していくのがコツです。シンプルなアイデアをいくつか出しているうちに、それらを組み合わせるアイデアが浮かぶことがあります。それが、結果的に複雑でいい感じの表現になったりします。まずはシンプル思考です。

:: アイデアの書き方の例

A案

ピンクの背景からスタートして、文字の「マ」が上から下に「グ」が下から上の動きで同時に出現する。

続けて、「紺の円」シェイプがスケール【0】の状態から大きくなる動きで背景色が変わる。

最後に、「緑の円」シェイプがスケール【0】の状態から大きくなる動きで背景色が変わると、同時にマグカップもスケール【0】の状態から大きくなる動きで出現する。

B案

紺色の背景からスタートして、「マグ」の文字がスケール【0】の状態から大きくなる動きで出現する。

続けて、「緑の円」シェイプがスケール【0】の状態から大きくなる動きで出現する。

最後に、「マグカップ」がスケール【0】の状態から回転しながら大きくなる動きで出現する。

C案

ピンクの背景からスタートして、紺色の平面が画面左外から右にスライドして出現し、背景が紺色になる。背景と交差するようにマグカップが画面右外から左にスライドして同時に出現する。

続けて、「マグ」の文字が【不透明度】で点滅して出現する。

さらに、「緑の円」シェイプがスケール【0】の状態から大きくなる動きで出現し、同時にマグカップも少しスケールで大きくなる動きになる。

TIPS　「字コンテ」として書き出す

このような表現のアイデアは、実際の作品作りでも「字コンテ」として書き出します。「字コンテ」は絵コンテを作成する前の段階で、作成する演出案です。この「字コンテ」にコマを割り振って絵を差し込むと、「絵コンテ」になります。

いくつ書き出すことができましたか？　この基礎要素だけでもかなりのバリエーションができるはずです。これが、オリジナルの表現を作る1つの考え方です。

このように数パターンのアイデアを考えて、その中から良さそうなもの、制作する作品のテーマに合っているものを3つほどリストアップしてざっくりと試作し、その結果、最もいい感じになったものを選ぶことで、遠回りですが作品の世界観に合った独自の動きが作れるようになります。納得いくまで、トライ＆エラーを繰り返して作ってみてください。

作品のテーマを置き換える

　余裕が出てきたら、作品のテーマやモチーフも独自のものにアレンジしてみましょう。例えば、マグカップの画像を別のものに変えてみましょう。「物体」や「動物」、「人」など何でも大丈夫です。

　モチーフが変われば自然と文字も変更できますし、フォントや背景、レイアウトもアレンジしたくなります。そうすると、本書の作例とは違ったオリジナルの動画が仕上がっているはずです。

Ae 【サンプルデータ7-1-3】

モチーフを「ねこ」に置き換えた例（イメージの雰囲気はそのままの状態）

モチーフを「化粧品」に置き換えた例（スタイリッシュな化粧品の世界観に合わせて、背景を円から長方形に変更）

Section 7 2 さまざまな映像作品の表現を取り入れる

世の中にはすばらしい映像表現が溢れています。そういった表現のエッセンスを自分の作品に取り入れることで、さらに表現の幅を広げることができます。

いろいろな映像を参考にしよう！

　映画やCM、アニメやミュージックビデオなどの映像作品を見ていると、「この感じの演出を自分の作品に使ってみたい！」と思うことがよくあります。これを実現するために必要になるのが、**動画の分析力**です。具体的には、「どうすれば、この表現を自分が再現できるだろうか」という視点で見ることです。これを実践できると、再現したり近いニュアンスで表現して自身の作品の中に取り込むことができます。

　これは中級者以上になってからの課題ですが、常に意識しておくことが大切なので、ここでお伝えしておきます。

動画の分析について

　動画の分析に必要な最初のステップは、参考となる動画をスローやコマ送りで何度も見ることです。

　「文字はどう動いているのか？」「どんな効果を適用しているのか？」。全体の流れを見るとごちゃごちゃしてわかりづらいことも、1つずつ要素を分解してよく見てみると、シンプルなものを組み合わせているだけかもしれません。

　もちろん、3Dや特殊な表現でAfter Effectsで再現できないものもありますが、そんな場合はなんとかそれっぽくできないものかと考えることも大切です。

　ここでは、その分析の進め方と考え方の一例を紹介します。よく使われる演出を組み合わせた作例を用意しました。実際に、再生して見てください。もちろん、After Effectsの標準機能だけで作っています。

　使用している機能の大半は、本書で説明しています。さて、パッと見てみた感じで、どのくらい作り方がわかりますか？　おそらく、After Effects初心者の方が本書を読んでツールと機能を理解していても、ほとんど作り方がわからないはずです…（わかる方は、すばらしいです！）。

Ae【サンプルデータ 7-2-1】

動画の分析方法

　本作例の要素を分解して順に見ていきましょう。まず動画を分析する際の見方として、2つの視点があります。

　それは、「**基本構成**」と「**特殊効果**」です。「**基本構成**」は動画の流れのベースとなる部分、「**特殊効果**」はエフェクトなどの後乗せ効果や装飾的な部分です。

1　基本構成の分析

　まずは「**基本構成**」となるシンプルな要素を重点的に探して、構成を把握します。例えば、前半（文字パート）で最もシンプルな要素は3つのテキストがあるということです。この作例では「**ウサギの**」「**時計**」「**時空を超える**」の3つの文字列の流れが基本になっています。これを作ることは難しくないですよね！　文字を3つ作成して並べるだけです。

　次に、これらの文字列の単純な動きを見てみましょう。

文字1 「**ウサギの**」

1文字ずつ下から上に移動して出現する。

文字のブラーは特殊効果で後回し

文字2 「**時計**」

大きさがカクカク変わって出現する。

文字の色変化とノイズ化、背景は特殊効果で後回し

文字3 「**時空を超える**」

1文字ずつ文字が出現する。

時空を超え

いずれもかなり単純ですね。この「**基本構成**」の作り方は、いろんなパターンで作ることができます。

文字1　「**ウサギの**」の動きの作り方

[A案]　1文字ずつレイヤーを分けて【**位置**】のキーフレームで動かす。
[B案]　【**テキストアニメーター**】の【**位置**】を使って1文字ずつ動かす。

文字2　「**時計**」の動きの作り方

[A案]　字間で【**文字**】レイヤーを分割して【**位置**】と【**大きさ**】を変える。
[B案]　【**トランスフォーム**】のキーフレーム（停止）で【**位置**】と【**大きさ**】を変える。

文字3　「**時空を超える**」の動きの作り方

[A案]　1文字ずつレイヤーを分けて表示のタイミングをずらす。
[B案]　【**テキストアニメーター**】の【**不透明度**】を使って1文字ずつ表示する。

　A案は、すべて基礎のトランスフォームのキーフレームだけ知っていれば作ることができる方法です。「表現を作る」という目的ではどちらの方法で作っても正解で、その他の作り方が思いついたのであればそれも正解です。

2　特殊効果の分析

「**基本構成**」を分析して再現できたら、さらに少しずつ「**装飾要素**」を分析して追加していきます。

文字3　「**時空を超える**」の文字ズームの作り方

[A案]　ヌルを親にして【**スケール**】で動かす。
[B案]　【**3Dレイヤー**】にしてカメラを前に動かす。

文字破片背景の作り方

[A案]　1文字ずつマスキングした【**文字**】レイヤーを無数に配置する。
[B案]　【**テキスト**】レイヤーをエフェクトでバラバラに分割して配置する。

文字の色変化の作り方

[A案]　【**文字**】レイヤーを分割して色を変える。
[B案]　エフェクトの【**塗り**】で色を変える。

画面揺れの作り方

[A案]　【**調整レイヤー**】に【**モーションタイル**】の【**位置**】で揺らす。
[B案]　別のコンポジションにレイヤーとして配置して【**位置**】で揺らす。

瞬間的な文字の歪み

[A案]　【**調整レイヤー**】に【**タービュレントディスプレイス**】でグリッチを作成する。

　どの作り方でも、似たようなニュアンスの動画を作ることができます。各要素に対して、1つでも作り方を思いつけばいいのです。はじめのうちは効率的に作る方法ではなく、今の自分が作れる方法を考えることが大切です。
　このような感じで、自分が作りたい動画を分析して進めてみてください。

⁝⁝ 後半（イラストパート）の分析例

　前半（文字パート）と同様に分析を行うと、以下のようになります。こちらを見る前に、一度ご自身で分析に挑戦してみてください。

　もし紹介する案と異なる作り方を思いついたとしても、あなたの思い通りの表現ができれば、それが正解です。

1　基本構成の分析

ペイントのような黄色が広がる動きの
ブラーの作り方

案）黄色の円シェイプを【タービュレントディスプレイス】で歪めて、スケールで拡大する。

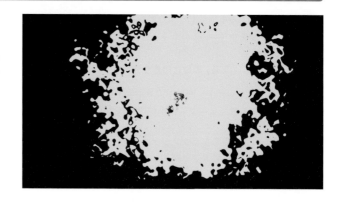

キャラと背景が出現する表現の作り方

A案）キャラと背景のレイヤーを【スケール】で拡大して出現させる。

B案）キャラと背景のレイヤーを【3Dレイヤー】にして、奥から手前に動かして出現させる。

　キャラが出現した後も、キーフレームでゆっくり動きを付ける。

タイトル文字が出現する表現の作り方

案）文字を配置して【スケール】でゆっくり小さくなるように動かす。

　いかがでしょうか。これで、基本構成は再現して作ることができます。

2 特殊効果の分析

続けて、「装飾要素」を分析して足していきます。

背景とキャラがペイントで描かれるように出てくる表現の作り方

案 黄色ペイントと同じシェイプレイヤーを背景とキャラの【トラックマット】に設定して、ペイントの形で出現させる。

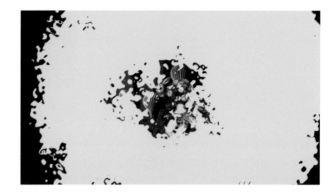

タイトルエフェクトの作り方

案 カードダンスでバラバラの状態から集まる動きを作成する。2つのレイヤーで白と黄色の2色を作って合わせる。

タイトル出現と同時に画面フラッシュの作り方

案 白い平面を【不透明度】でフラッシュさせる。

背景の光の揺らぎの作り方

案 【フラクタルノイズ】を動かしたものを【スクリーン】などで重ねる。

キラキラの装飾表現の作り方

A案　【シェイプ】で小さな星を無数に作って、【トランスフォーム】で動かす。

B案　【CC Particle World】で作成する。

　難易度は中級者以上になりますが、ひとつひとつの作り方はそんなに難しいものではなく、工数と時間がかかるという感じです。最後のキラキラの演出は【CC Particle World】を使いこなせる人はサクッと作ることができますが、使えない人でもその気になれば、シェイプで作った小さな星を1つずつ手作業で動かしても、表現することは可能です。

　もちろん【CC Particle World】で簡単に作れたほうが楽ですが、力技で作れないわけではないところがAfter Effectsの面白いところです。絶対にその表現を自分の作品に入れたいのであれば、時間をかけてでもやるはずです。

　いかがだったでしょうか?　応用編なので少し難易度が高いと思いますが、このような視点を持っているだけでも、日々の動画の見方が変わってきます。

　本書で紹介した参考動画の表現をいくつか作れるようになったら、前項の「自分で動きのパターンを考える」の要領で、自分ならどんな素材やテーマに置き換えて作るかを考えてアレンジしてみてください。数をこなしてくと、オリジナルの表現とその引き出しがどんどん増えていきます。できることが増えると、作ること自体や仕上がりにこだわることが楽しくなっていきます。

　「トライ＆エラー」の精神で、共に地道にチャレンジを続けていきましょう!

 TIPS　YouTubeのコマ送り

参考動画をYouTubeで探してみるということも多いです。設定から再生速度を落としてスロー再生にしてもよいのですが、ショートカットキーの , (カンマ) と . (ピリオド) を使ってコマ送りで再生することもできます。ぜひ覚えて、活用してみてください。

TIPS アニメーションプリセット ～一度作った表現を簡単に使い回せる！

アニメーションプリセットを保存すると、別のプロジェクトで使用できる

アニメーションプリセットは、レイヤー設定を保存する機能です。保存したプリセットは、他のレイヤーやコンポジション、プロジェクトにいつでもドラッグして適用し、再現することができます。
一例として、サンプルプロジェクト5-5-3の「光の揺らぎ」（243ページ参照）を保存してみましょう。

【サンプルデータ 5-5-3】

この「光の揺らぎ」は、【フラクタルノイズ】・【トライトーン】・【高速ボックスブラー】の3種類のエフェクトで作られています。また、【フラクタルノイズ】の【展開】にはエクスプレッションが設定されています。これらの設定をアニメーションプリセットに一括で保存します。

レイヤー内の保存する項目（ここでは【エフェクト】■）を選択します。【アニメーション】➡【アニメーションプリセットを保存】②を選択し、わかりやすい名前を付けて保存します。ここでは一例として、名前を【光のゆらぎ】としました。

Chapter
7

【ウィンドウ】➡【エフェクト＆プリセット】を選択して、【エフェクト＆プリセット】パネル③を表示します。
【User Presets】に保存したアニメーションプリセット④があるので、別のレイヤーにドラッグ⑤で適用します。これだけで一度作成した表現を使い回すことができます。
よく使う表現は、アニメーションプリセットに保存しておきましょう。

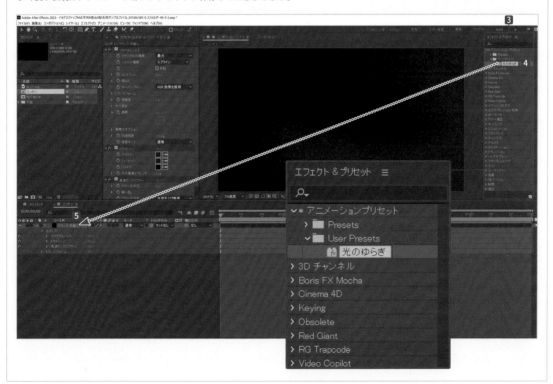

主に使用するショートカットキー

よく使うショートカット	Windows	Mac
新規コンポジションの作成	Ctrl + N キー	command + N キー
コンポジション設定	Ctrl + K キー	command + K キー
新規平面レイヤーの作成	Ctrl + Y キー	command + Y キー
【選択ツール】	V キー	V キー
【手のひらツール】	H キー	H キー
【手のひらツール】の一時使用	Space キー	space キー
【ズームツール】(拡大)	Z キー	Z キー
【ズームツール】(縮小)	ズームツール(拡大)時に Alt キー	ズームツール(拡大)時に option キー
【回転ツール】	W キー	W キー
【カメラツール】	C キー	C キー
【アンカーポイントツール】	Y キー	Y キー
【マスクツール】と【シェイプツール】	Q キー	Q キー
【ペンツール】	G キー	G キー
【テキストツール】	Ctrl + T キー	command + T キー
レイヤーの位置を開く	P キー	P キー
レイヤーのスケールを開く	S キー	S キー
レイヤーの回転を開く	R キー	R キー
レイヤーのアンカーポイントを開く	A キー	A キー
レイヤーの不透明度を開く	T キー	T キー
レイヤーのキーフレーム(全体)を開く	U キー	U キー
レイヤーのエフェクトを開く	E キー	E キー
レイヤーのマスクを開く	M キー	M キー
レイヤーの「マスク」プロパティグループのみを開く	M キーを2回押す	M キーを2回押す
レイヤーのエクスプレッションを開く	E キーを2回押す	E キーを2回押す
オーディオウェーブフォームのみを表示	L キーを2回押す	L キーを2回押す
再生	Space キー	space キー
コンポジションの開始点に移動	Home キー	home キー
コンポジションの終了点に移動	End キー	end キー
1フレーム先に進む	Ctrl + → キー	command + → キー
1フレーム前に戻る	Ctrl + ← キー	command + ← キー
10フレーム先に進む	Ctrl + Shift + → キー	command + shift + → キー
10フレーム前に戻る	Ctrl + Shift + ← キー	command + shift + ← キー

よく使うショートカット	Windows	Mac
1つ先のキーフレームに移動する	K キー	K キー
1つ前のキーフレームに移動する	J キー	J キー
レイヤーのインポイントに移動する	I キー	I キー
レイヤーのアウトポイントに移動する	O キー	O キー
選択したレイヤーのインポイントを【現在の時間インジケーター】に移動する	[キー（左大括弧）	[キー（左大括弧）
選択したレイヤーのアウトポイントを【現在の時間インジケーター】に移動する	] キー（右大括弧）	] キー（右大括弧）
選択したレイヤーのインポイントを【現在の時間インジケーター】にトリムする	Alt + [キー（左大括弧）	option + [キー（左大括弧）
選択したレイヤーのアウトポイントを【現在の時間インジケーター】にトリムする	Alt +] キー（右大括弧）	option +] キー（右大括弧）
レイヤーを複製する	Ctrl + D キー	command + D キー
レイヤーを【現在の時間インジケーター】の箇所で分割する	Ctrl + Shift + D キー	command + shift + D キー
操作を取り消す	Ctrl + Z キー	command + Z キー
操作をやり直す	Ctrl + Shift + Z キー	command + shift + Z キー
ワークエリアの開始点を現在の時間に設定	B キー	B キー
ワークエリアの終了点を現在の時間に設定	N キー	N キー
アンカーポイントをレイヤーの中央に配置	Ctrl + Alt + Home キー	option + command + fn + ← キー

INDEX

サンプルデータについて

本書の解説で使用しているファイルは、サポートページからダウンロードすることができます。

本書の内容をより理解していただくために、作例で使用するAfter Effects CCのプロジェクトファイル（.aep）や各種の素材データなどを収録しています。本書の学習用として、本文の内容と合わせてご利用ください。

なお、権利関係上、配付できないファイルがある場合がございます。あらかじめ、ご了承ください。

詳細は、弊社Webページから本書のサポートページをご参照ください。

本書のサポートページ
http://www.sotechsha.co.jp/sp/1318/

解凍のパスワード（英数字モードで入力してください）
AE1318shinyu

著者のサポートページ
https://shin-yu.net/book-ae3s/

●サンプルデータの著作権は制作者に帰属し、この著作権は法律によって保護されています。これらのデータは、本書を購入された読者が本書の内容を理解する目的に限り使用することを許可します。営利・非営利にかかわらず、データをそのまま、あるいは加工して配付（インターネットによる公開も含む）、譲渡、貸与することを禁止します。

●サンプルデータについて、サポートは一切行っておりません。また、収録されているサンプルデータを使用したことによって、直接もしくは間接的な損害が生じても、ソフトウェアの開発元、サンプルデータの制作者、著者および株式会社ソーテック社は一切の責任を負いません。あらかじめご了承ください。

●サンプルデータの配布ならびにサポートサービスは、予告なく変更・終了することがあります。あらかじめご了承くださいませ。

著者紹介

● 川原 健太郎 (かわはら けんたろう)

シンユー合同会社 代表
1982年2月22日生まれ。兵庫県神戸市出身のモーションデザイナー。動画を使ったプロモーションや販促、動画マーケティングの企画と制作を一貫して行う。
また、YouTubeチャンネル「TORAERA」でAfter Effectsチュートリアルの配信、N予備校の動画クリエイター講座の監修/講師を行う。

コーポレートサイト
https://shin-yu.net/

TORAERA
http://toraera.com

プロが教える！After Effects
デジタル映像制作講座 CC対応 改訂第2版

2023年4月30日　初版　第1刷発行

著　者	SHIN-YU（川原健太郎）
装　幀	広田正康
発行人	柳澤淳一
編集人	久保田賢二
発行所	株式会社ソーテック社
	〒102-0072　東京都千代田区飯田橋4-9-5　スギタビル4F
	電話（注文専用）03-3262-5320　FAX03-3262-5326
印刷所	大日本印刷株式会社

本書の一部または全部について個人で使用する以外、著作権上、株式会社ソーテック社および著作権者の承諾を得ずに無断で複写・複製することは禁じられています。
本書に対する質問は電話では受け付けておりません。内容の誤り、内容についての質問がございましたら、切手・返信用封筒を同封の上、弊社までご送付ください。乱丁・落丁本はお取り替えいたします。

本書のご感想・ご意見・ご指摘は
http://www.sotechsha.co.jp/dokusha/
にて受け付けております。Webサイトでは質問は一切受け付けておりません。